计算机科学与技术丛书

AI大模型创新案例
开发实践

基于讯飞星火大模型项目开发30例

李永华 张政波 翟锐◎编著

清华大学出版社

北京

内容简介

　　大模型技术是人工智能领域的重要发展方向之一，具有广阔的应用前景和巨大的潜力。本书结合当前高等院校创新实践课程，总结基于大模型应用程序的开发方法，给出综合实际案例。本书主要开发方向为人机聊天、活动策划、节日祝福等，案例包括系统架构、系统流程、开发环境、开发工具、系统实现、功能测试。本书案例多样化，可满足不同层次的人员需求；本书附赠原图源码、视频讲解、拓展知识和工程文件，供读者自我学习和自我提高使用。

　　本书可作为信息与通信工程及相关专业的本科生教材，也可作为从事物联网、创新开发和设计的专业技术人员的参考用书。

图书在版编目（CIP）数据

　　AI 大模型创新案例开发实践：基于讯飞星火大模型项目开发 30 例 / 李永华，张政波，翟锐编著.
北京：清华大学出版社，2025. 3. --（计算机科学与技术丛书）. -- ISBN 978-7-302-68715-3

　　Ⅰ. TP18

　　中国国家版本馆 CIP 数据核字第 20255YC631 号

责任编辑：崔　彤
封面设计：李召霞
责任校对：郝美丽
责任印制：杨　艳

出版发行：清华大学出版社
　　　　网　　址：https://www.tup.com.cn，https://www.wqxuetang.com
　　　　地　　址：北京清华大学学研大厦 A 座　　　　邮　　编：100084
　　　　社 总 机：010-83470000　　　　　　　　　　邮　　购：010-62786544
　　　　投稿与读者服务：010-62776969，c-service@tup.tsinghua.edu.cn
　　　　质量反馈：010-62772015，zhiliang@tup.tsinghua.edu.cn
　　　　课件下载：https://www.tup.com.cn，010-83470236
印 装 者：三河市铭诚印务有限公司
经　　销：全国新华书店
开　　本：186mm×240mm　　印　　张：23.25　　　　　字　　数：521 千字
版　　次：2025 年 5 月第 1 版　　　　　　　　　　　印　　次：2025 年 5 月第 1 次印刷
印　　数：1～1500
定　　价：99.00 元

产品编号：109440-01

前言

PREFACE

大模型是大规模语言模型(Large Language Model)的简称。大模型主要指具有数十亿甚至上百亿参数的深度学习模型,其具备大容量、大算力、多参数等特点。大模型由早期的单语言预训练模型发展至多语言预训练模型,再到现阶段的多模态预训练模型。随着人工智能技术的发展和应用场景的不断扩大,大模型从最初主要应用于计算机视觉、自然语言处理发展到目前逐渐应用于医疗、金融、智能制造等领域。这些领域都需要处理大量的数据,运用大模型可实现处理多任务的目标。大模型不仅能够提供更高效、更精准的解决方案,也逐渐成为人工智能领域的重要发展方向之一。

大学作为传播知识、科研创新、服务社会的主要机构,为社会培养具有创新思维的现代化人才责无旁贷,而具有时代特色的书籍又是培养专业知识的基础。本书依据当今信息社会的发展趋势,基于工程教育教学经验,意欲将大模型开发知识提炼为适合国情、具有自身特色的创新实践教材。作者总结了 30 个案例,以期推进创新创业教育,为国家输送更多掌握自主技术的创新创业型人才。

本书的内容和素材主要来源于以下几方面:作者所在学校近几年承担的教育部和北京市的教育、教学改革项目与成果;作者指导的研究生在物联网方向的研究工作及成果总结;北京邮电大学信息工程专业创新实践。该专业学生通过 CDIO 工程教育方法,实现创新研发,不但学到了知识,提高了能力,而且为本书提供了第一手素材和资料,在此向信息工程专业的学生表示感谢。

本书的编写得到了教育部高等学校电子信息类专业教学指导委员会、信息工程专业国家第一类特色专业建设项目、信息工程专业国家第二类特色专业建设项目、教育部 CDIO 工程教育模式研究与实践项目、教育部本科教学工程项目、信息工程专业北京市特色专业项目、北京高等学校教育教学改革项目的大力支持,特此表示感谢!

由于作者水平有限,书中难免会存在不当之处,敬请读者不吝指正,以便作者进一步修改和完善。

李永华

于北京邮电大学

2025 年 3 月

目 录
CONTENTS

项目 1 花 语 科 普

本项目基于超文本标记语言（Hyper Text Markup Language，HTML）结构内容，使用层叠样式表（Cascading Style Sheets，CSS）进行设计，引用 JavaScript 建立数据逻辑与交互，根据讯飞星火认知大模型 v3.5，调用开放的应用程序编程接口（Application Programming Interface，API），实现发送问题后获取花语信息。

1.1 总体设计

本部分包括整体框架和系统流程。

1.1.1 整体框架

整体框架如图 1-1 所示。

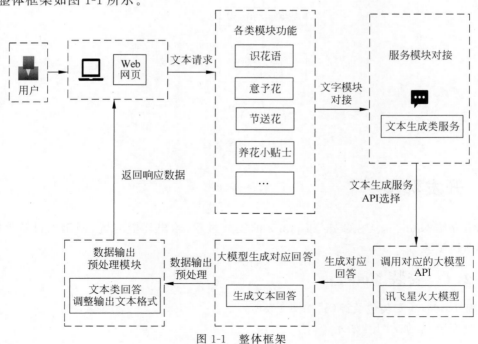

图 1-1 整体框架

1.1.2 系统流程

系统流程如图 1-2 所示。

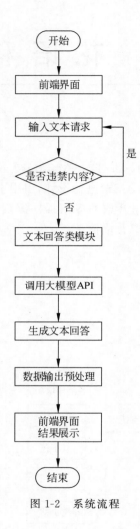

图 1-2 系统流程

1.2 开发环境

本节介绍 Node.js、VS Code 和 pnpm 的安装过程,给出环境配置、创建项目及大模型 API 的申请步骤。

1.2.1 安装 Node.js

下载 Node.js 安装包及源码,如图 1-3 所示。

运行安装包,如图 1-4 所示。

图 1-3 下载 Node.js 安装包及源码

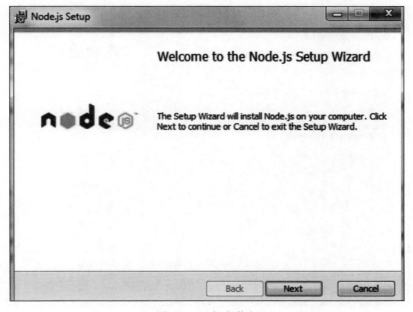

图 1-4 运行安装包

选择接受协议后单击 Next 按钮，如图 1-5 所示。

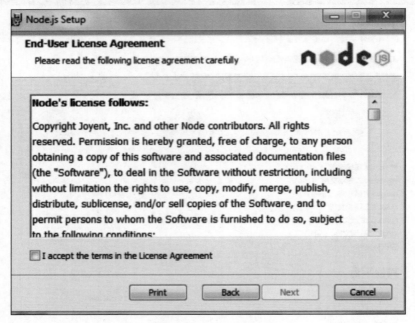

图 1-5　选择接受协议

Node.js 默认安装目录为 C:\Program Files\nodejs\，单击 Next 按钮，如图 1-6 所示。

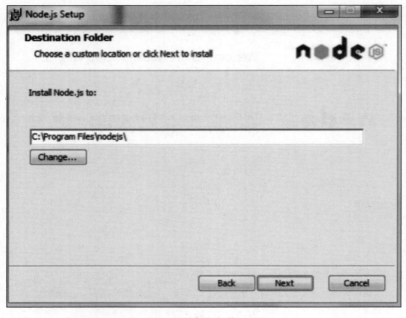

图 1-6　默认安装目录

选择安装模式后单击 Next 按钮，如图 1-7 所示。

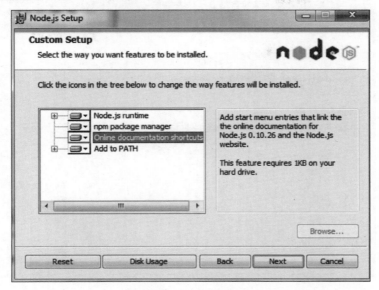

图 1-7 选择安装模式

单击 Install 按钮开始安装，如图 1-8 所示。

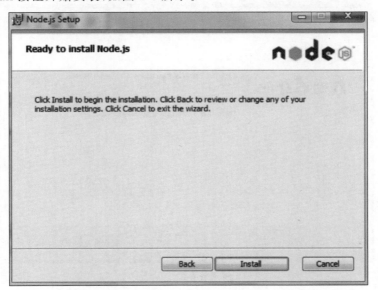

图 1-8 开始安装

Node.js 安装过程如图 1-9 所示。

单击 Finish 按钮，Node.js 完成安装，如图 1-10 所示。

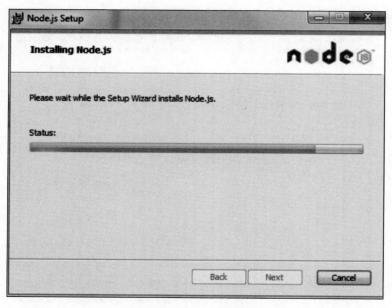

图 1-9　Node.js 安装过程

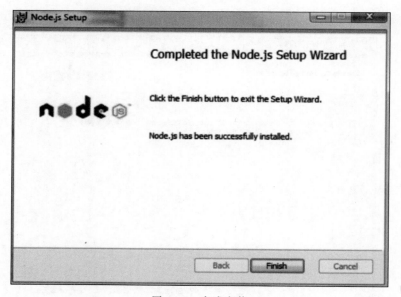

图 1-10　完成安装

1.2.2　安装 VS Code

VS Code 安装包及源码如图 1-11 所示。

选择"我同意此协议",单击"下一步"按钮,如图 1-12 所示。

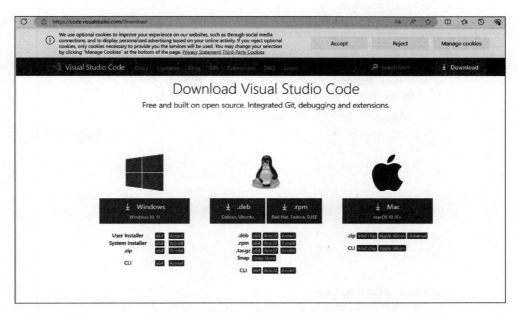

图 1-11　VS Code 安装包及源码

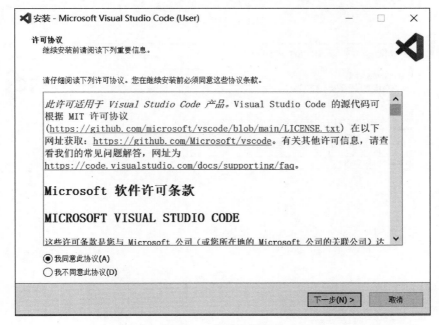

图 1-12　接受协议选项

VS Code 默认安装目录为 C:\Program Files\Microsoft VS Code\，也可以修改目录，例如，E:\VSCode\Microsoft VS Code\，单击"下一步"按钮，如图 1-13 所示。

选择开始菜单文件夹，单击"下一步"按钮，如图 1-14 所示。

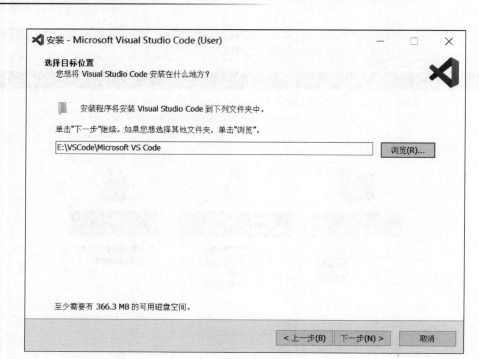

图 1-13　安装目录

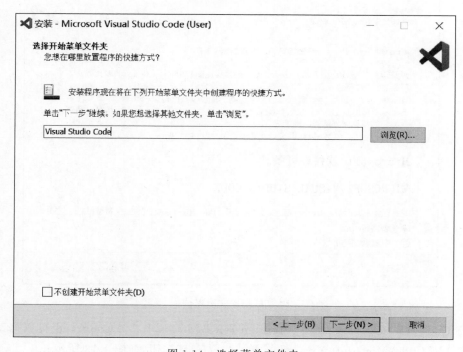

图 1-14　选择菜单文件夹

选择附加任务,创建快捷方式,单击"下一步"按钮,如图 1-15 所示。

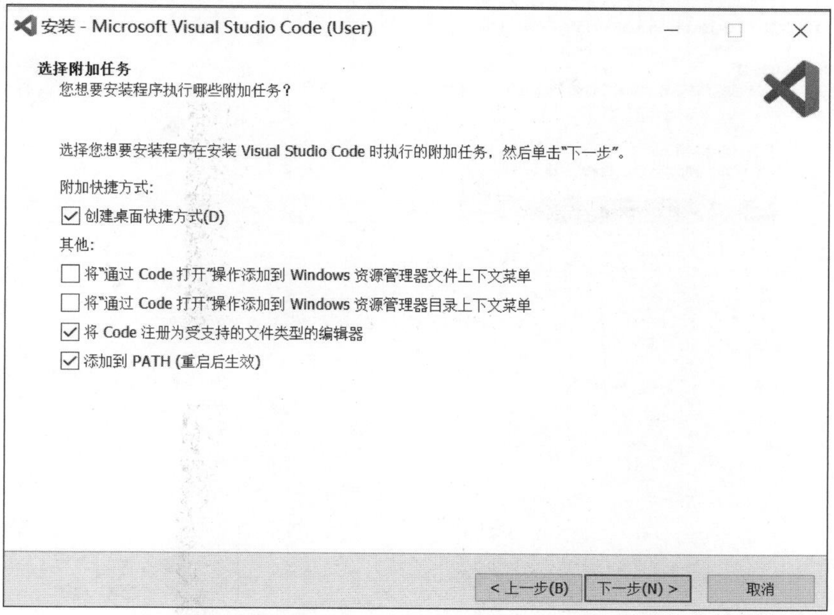

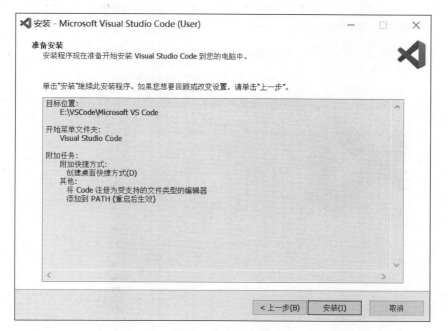

图 1-15 选择附加任务

准备安装,如图 1-16 所示。

图 1-16 准备安装

安装过程如图 1-17 所示。

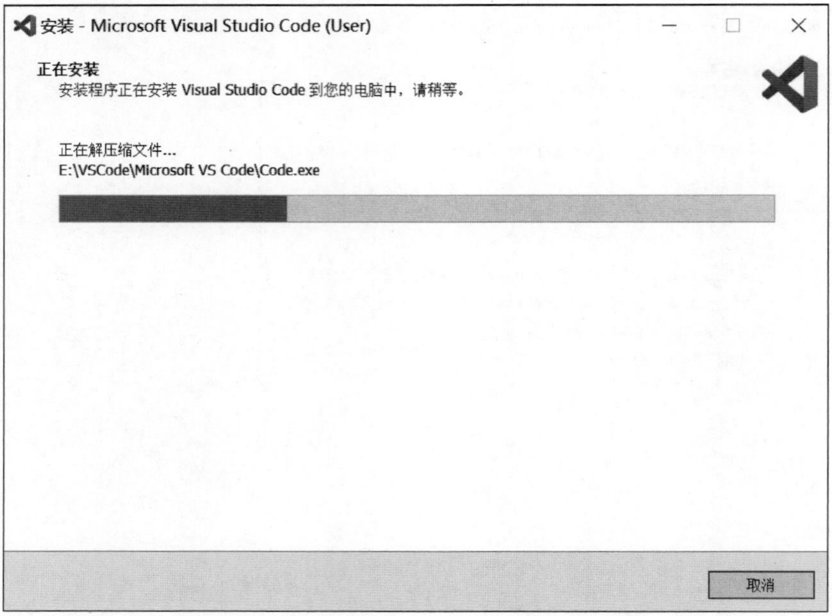

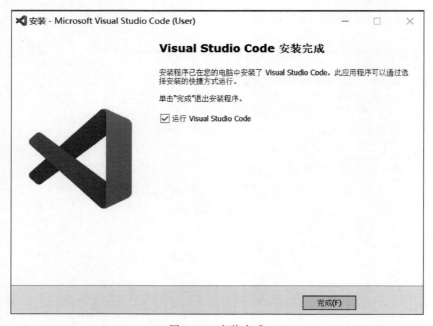

图 1-17　安装过程

安装完成如图 1-18 所示。

图 1-18　安装完成

运行 VS Code 如图 1-19 所示。

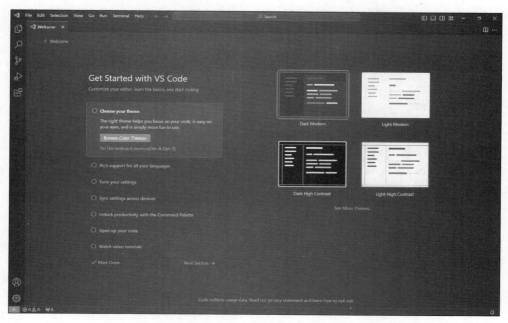

图 1-19　运行 VS Code

单击左侧 图标，打开扩展界面，搜索 Chinese(simplified)，安装中文简体扩展包，如图 1-20 所示。

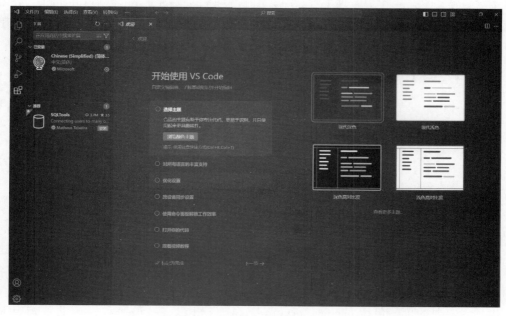

图 1-20　安装中文简体扩展包

搜索 open in browser 扩展包进行安装，如图 1-21 所示。

图 1-21　安装 open in browser 扩展包

1.2.3　安装 pnpm

本项目使用 pnpm 作为管理工具，在启动前，根据 package.json 和 pnpm-lock.yaml 安装依赖环境，它允许用户使用添加、更新和删除的功能，是一种高效、快速且严格的包管理解决方案。

1.2.4　环境配置

package.json 是 Node.js 中的配置文件，用于描述元信息、依赖关系、脚本命令等信息，主要作用如下。

（1）元信息：包括名称、版本、描述、作者及指定项目的入口文件等。

（2）依赖关系：列出项目运行和开发所依赖的第三方包。Dependencies 字段用于存储运行时的依赖，devDependencies 字段用于存储开发时的依赖。

（3）脚本命令：包含一组自定义的脚本命令，可以通过 npm run < script-name >命令行执行，例如构建项目、运行测试等。

pnpm-lock.yaml 文件是 pnpm 包管理器用于锁定项目依赖版本的文件。类似于其他包管理器的锁定文件（如 package-lock.json 或 yarn.lock），pnpm-lock.yaml 的目的是确保项目在不同的环境和构建之间使用相同的包版本。

本项目需要的依赖包括 base-64、crypto-js、fast-xml-parser、utf8 和 vite，将依赖版本号

保存在 package.json 文件中的 dependencies 目录下,然后运行 npm install 命令进行安装。
package.json 文件内容如下。

```json
{
  "name": "xinhuo",
  "private": true,
  "version": "0.0.0",
  "type": "module",
  "scripts": {
    "dev": "vite",
    "build": "vite build",
    "preview": "vite preview"
  },
  "devDependencies": {
    "vite": "^4.4.5"
  },
  "dependencies": {
    "base-64": "^1.0.0",
    "crypto-js": "^4.1.1",
    "fast-xml-parser": "^4.2.6",
    "utf8": "^3.0.0"
  }
}
```

运行 npm install 命令,安装全局依赖后显示的内容如下。

```
PS E:\web\xinghuo > npm install
Packages: +5
+++++
Progress: resolved 56, reused 34, downloaded 0, added 5, done
dependencies:
+ base-64 1.0.0
+ crypto-js 4.1.1
+ fast-xml-parser 4.2.6 (4.2.7 is available)
+ utf8 3.0.0
Done in 1.8s
```

1.2.5　创建项目

创建项目步骤如下。

(1) 新建项目文件夹,进入文件夹后打开命令提示符(command,cmd),使用 npm create vite 创建项目。

(2) 输入项目名称,默认是 vite-project,本项目名称是 xinghuo。选择项目框架、VUE 及 JavaScript 语言。

```
① Project name: ... xinghuo
② Select a framework: »Vue
③ Select a variant: »JavaScript
④ Scaffolding project in E:\web\xinghuo
```

（3）按照提示的命令运行即可启动项目。其中，npm install 是构建项目以及下载依赖，npm run dev 是运行项目。

```
cd xinghuo
npm install
npm run dev
VITE v4.4.5 ready in 1066 ms
①Local: http://localhost:5173/
②Network: use -- host to expose
③press h to show help
```

（4）单击 http://localhost:5173/，显示初始化界面，如图 1-22 所示。

图 1-22　初始化界面

1.2.6　大模型 API 申请

讯飞星火认知大模型首页如图 1-23 所示。单击 API 接入，跳转到 API 界面，如图 1-24 所示。

图 1-23　讯飞星火认知大模型首页

图 1-24　API 界面

单击"免费试用"按钮，填写应用信息，如图 1-25 所示。

图 1-25　填写应用信息界面

领取成功界面如图 1-26 所示。

图 1-26　领取成功界面

进入我的应用界面，如图 1-27 所示。

查看服务接口认证信息界面，如图 1-28 所示。

图 1-27　我的应用界面

图 1-28　服务接口认证信息界面

1.3 系统实现

本项目使用 Vite 搭建 Web 框架，文件结构如图 1-29 所示。

资源管理器
XINGHUO
css
images
js
node_modules
public
.gitignore
index.html
main.js
package-lock.json
package.json
pnpm-lock.yaml
vite.config.js

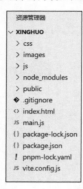

图 1-29 文件结构

1.3.1 index.html

主界面和搜索界面的相关代码见“代码文件 1-1”。

1.3.2 style.css 主界面样式

主界面样式设计的相关代码见“代码文件 1-2”。

1.3.3 main.js 调用大模型 API

在搜索框中输入问题后发送至大模型进行自然语言处理，包括文本分类、情感分析、文本摘要等，大模型回答用户提出的问题或提供相关的信息，并将回复内容显示在输出界面。相关代码见“代码文件 1-3”。

1.4 功能测试

本部分包括启动项目、发送问题及响应。

1.4.1 启动项目

(1) 进入项目文件夹：cd xinghuo。

(2) 运行项目程序：npm run dev。

(3) 单击终端中显示的网址，进入网页。

(4) 终端启动结果如图 1-30 所示，主界面如图 1-31 所示。

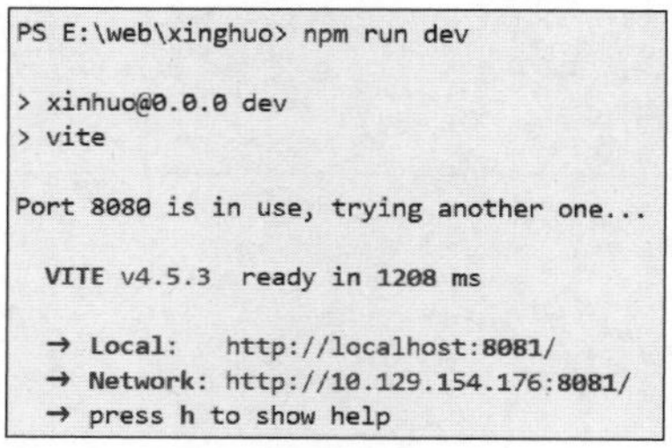

PS E:\web\xinghuo> npm run dev
> xinhuo@0.0.0 dev
> vite
Port 8080 is in use, trying another one...
VITE v4.5.3 ready in 1208 ms
➜ Local: http://localhost:8081/
➜ Network: http://10.129.154.176:8081/
➜ press h to show help

图 1-30 终端启动结果

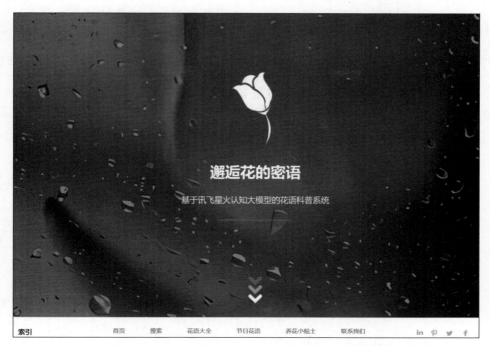

图 1-31　主界面

（5）搜索界面如图 1-32 所示。

图 1-32　搜索界面

1.4.2　发送问题及响应

向大模型提问"玫瑰的花语"，单击"搜索"按钮，答案显示在文本框内，如图 1-33 所示。

图 1-33　发送问题及响应

1.4.3　模块功能

搜索模块可以搜索花的名称或输入想表达匹配的种类，如图 1-34 所示。

图 1-34　搜索界面

在静态界面展示郁金香、玫瑰花、绣球花、桃花、樱花、栀子花的花语与寓意，如图1-35所示。

图1-35　花语大全

制作一个左右滑动栏，罗列情人节、清明节、母亲节、父亲节、儿童节、教师节、重阳节等，如图 1-36 所示。

图 1-36　节日花语

单击节日名称可跳转到指定界面，如图 1-37 所示。

养花小贴士包括列举养护花卉的方法，并对常见花卉进行分类，例如，鲜花、盆栽、水培、土培等，如图 1-38 所示。

单击鲜花可切换分类，如图 1-39 所示。

单击 View 按钮，如图 1-40 所示，可查看当前花卉的放大图片，如图 1-41 所示。

单击 Detail 按钮，查看养护花卉的方法，如图 1-42 所示。

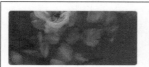

节日花语

在特定的节日里送特定的花·

节日名称

情人节 (2月14日)

红玫瑰是最传统的选择，象征着热烈的爱情和深切的情感。

清明节 (农历4月5日)

菊花是清明节期间常用的花卉，象征着对逝者的怀念和尊重。

母亲节 (每年五月的第二个星期日)

康乃馨是母亲节的传统之花，尤其是粉红色和白色的康乃馨，代表着母爱和感恩。

儿童节 (6月1日)

送给小朋友向日葵，代表快乐和无忧无虑的童年。

父亲节 (每年六月的第三个星期日)

石斛兰象征着坚韧不拔，表达对父亲的敬爱。

教师节 (9月10日)

百合代表着对教师纯洁、高尚品质的赞美，对教师无私奉献精神的感激。

重阳节 (农历九月初九)

茱萸在中国传统文化中拥有吉祥、幸福、驱邪、保平安、祝福、祈愿、思诚和坚韧等象征意义。

图 1-37　节日花语列表

养花小贴士
关于养护花的方法

鲜花　盆栽　水培　土培　所有

图 1-38　养花小贴士

图 1-39　切换分类

图 1-40　单击 View 按钮

图 1-41　放大图片

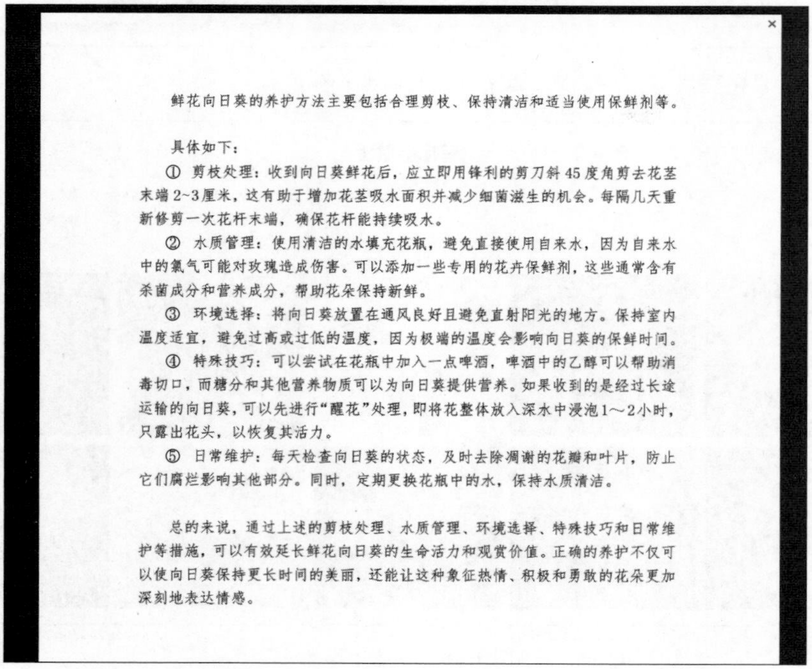

鲜花向日葵的养护方法主要包括合理剪枝、保持清洁和适当使用保鲜剂等。

具体如下：

① 剪枝处理：收到向日葵鲜花后，应立即用锋利的剪刀斜45度角剪去花茎末端2～3厘米，这有助于增加花茎吸水面积并减少细菌滋生的机会。每隔几天重新修剪一次花杆末端，确保花杆能持续吸水。

② 水质管理：使用清洁的水填充花瓶，避免直接使用自来水，因为自来水中的氯气可能对玫瑰造成伤害。可以添加一些专用的花卉保鲜剂，这些通常含有杀菌成分和营养成分，帮助花朵保持新鲜。

③ 环境选择：将向日葵放置在通风良好且避免直射阳光的地方。保持室内温度适宜，避免过高或过低的温度，因为极端的温度会影响向日葵的保鲜时间。

④ 特殊技巧：可以尝试在花瓶中加入一点啤酒，啤酒中的乙醇可以帮助消毒切口，而糖分和其他营养物质可以为向日葵提供营养。如果收到的是经过长途运输的向日葵，可以先进行"醒花"处理，即将花整体放入深水中浸泡1～2小时，只露出花头，以恢复其活力。

⑤ 日常维护：每天检查向日葵的状态，及时去除凋谢的花瓣和叶片，防止它们腐烂影响其他部分。同时，定期更换花瓶中的水，保持水质清洁。

总的来说，通过上述的剪枝处理、水质管理、环境选择、特殊技巧和日常维护等措施，可以有效延长鲜花向日葵的生命活力和观赏价值。正确的养护不仅可以使向日葵保持更长时间的美丽，还能让这种象征热情、积极和勇敢的花朵更加深刻地表达情感。

图 1-42　养护花卉方法

项目 2

伴学助手

本项目基于 HTML 结构内容，使用 CSS 进行样式设计，应用 MySQL 存储数据，根据讯飞星火认知大模型 v3.5max 调用开放的 API，实现伴学助手的功能。

2.1 总体设计

本部分包括整体框架和系统流程。

2.1.1 整体框架

整体框架如图 2-1 所示。

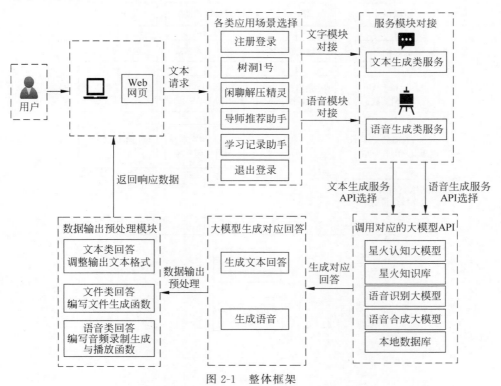

图 2-1　整体框架

2.1.2 系统流程

系统流程如图 2-2 所示。

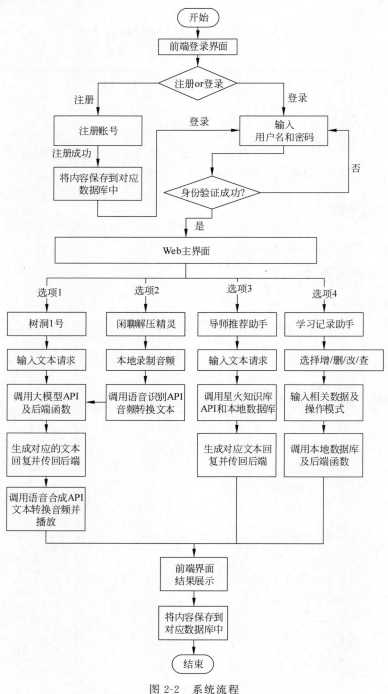

图 2-2 系统流程

2.2　开发环境

本节介绍 Python、PyCharm、MySQL 和 FFmpeg 的安装过程，给出环境配置、创建项目和大模型 API 的申请步骤。

2.2.1　安装 Python

打开 Python 官网，如图 2-3 所示。

图 2-3　Python 官网

在 Downloads 下拉菜单中，单击 Windows，如图 2-4 所示。

图 2-4　下载界面

选择 3.11.3 版本,单击 Download Windows installer(64-bit),如图 2-5 所示。

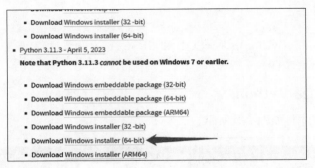

图 2-5 选择安装包

勾选 Add python.exe to PATH 选项,单击 Customize installation,如图 2-6 所示。

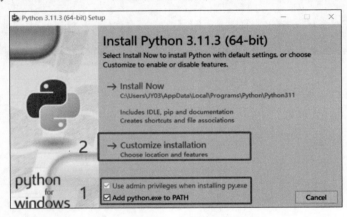

图 2-6 Python 自定义安装界面

选择安装工具,单击 Next 按钮,如图 2-7 所示。

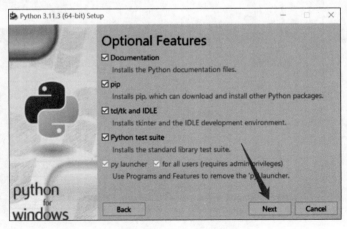

图 2-7 选择安装工具

选择安装路径,单击 Install 按钮,如图 2-8 所示。

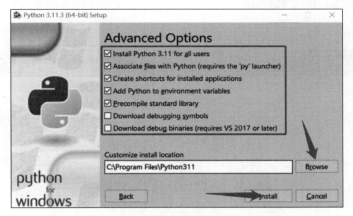

图 2-8　选择安装路径

安装过程如图 2-9 所示,完成安装如图 2-10 所示。

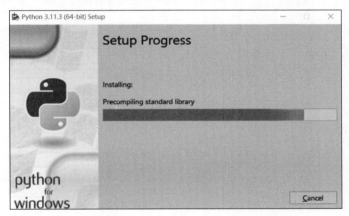

图 2-9　安装过程

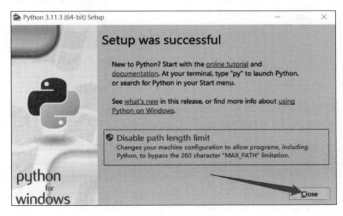

图 2-10　完成安装

2.2.2　安装 PyCharm

打开 PyCharm 官网，单击 Download 按钮，如图 2-11 所示。

图 2-11　PyCharm 官网

选择社区版（Community），单击 Download 按钮，如图 2-12 所示。

图 2-12　PyCharm 版本选择

双击打开下载好的程序，单击 Next 按钮，如图 2-13 所示。

选择需要安装的版本，单击 Next 按钮，如图 2-14 所示。

选择安装路径，单击 Next 按钮，如图 2-15 所示。

全部勾选，安装后缀名及环境变量，单击 Next 按钮，如图 2-16 所示。

单击 Install 按钮，安装过程如图 2-17 所示。

单击 Finish 按钮，完成安装，如图 2-18 所示。

图 2-13　PyCharm 安装程序

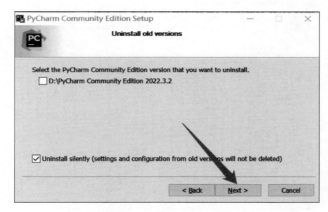

图 2-14　选择安装版本

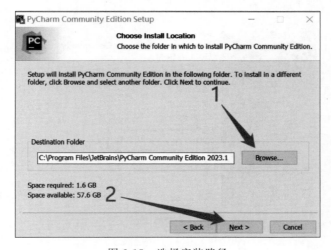

图 2-15　选择安装路径

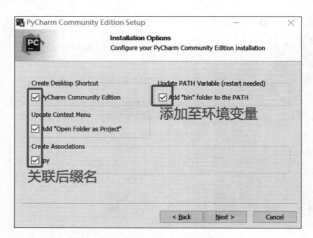

图 2-16　安装后缀名及环境变量

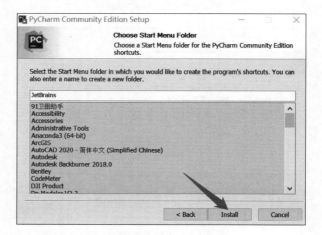

图 2-17　PyCharm 安装过程

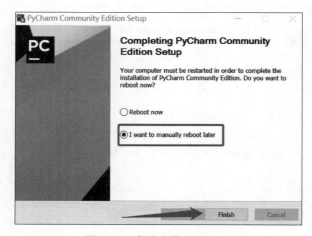

图 2-18　完成安装 PyCharm

2.2.3　安装 MySQL

MySQL 官网首页如图 2-19 所示。

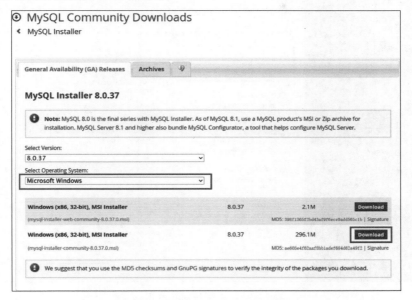

图 2-19　MySQL 官网首页

MySQL 下载操作如图 2-20 所示。

图 2-20　MySQL 下载操作

选择开发者模式,如图 2-21 所示。

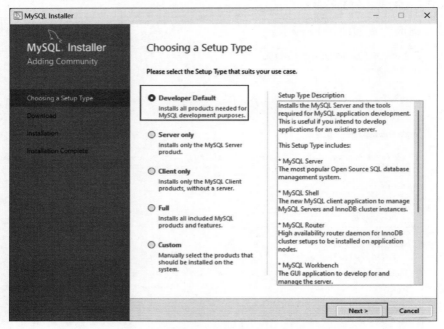

图 2-21　选择开发者模式

选择验证方式,单击 Next 按钮,如图 2-22 所示。

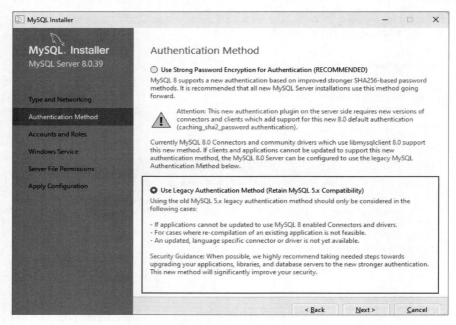

图 2-22　选择验证方式

设置账号与密码,单击 Next 按钮,如图 2-23 所示。

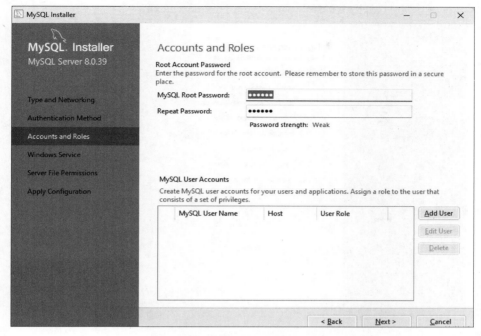

图 2-23 设置账号与密码

选择安装选项,单击 Next 按钮,如图 2-24 所示。

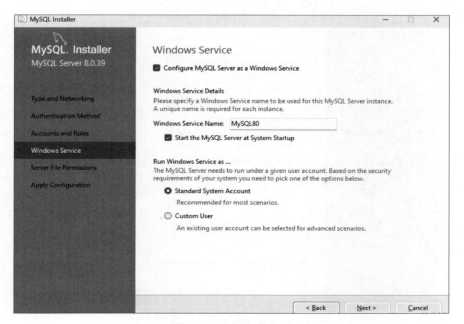

图 2-24 选择安装选项

单击 Execute 按钮执行安装，如图 2-25 所示。

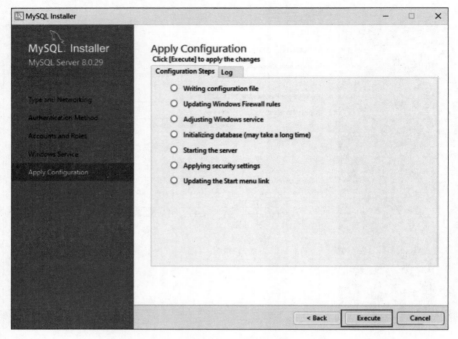

图 2-25　执行安装

安装成功，单击 Finish 按钮，如图 2-26 所示。

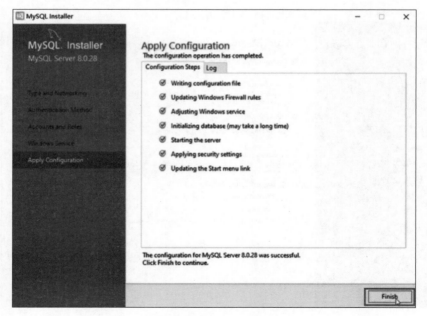

图 2-26　安装成功

系统设置如图 2-27 所示。

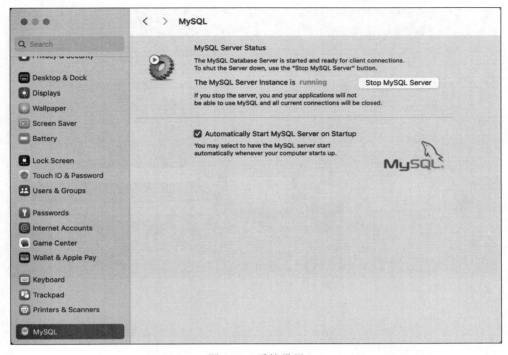

图 2-27 系统设置

打开终端(Terminal),输入以下指令：

```
cd/usr/local/mysql/bin
/usr/local/mysql/bin/mysql - u root - p
```

复制粘贴初始密码,进入 MySQL 后修改密码。

```
set password for 'root'@'localhost' = "(新密码)"
```

2.2.4 安装 FFmpeg

打开 FFmpeg 首页,如图 2-28 所示。

将 bin 安装在 E:_az_s\ffmpeg_az\ffmpeg-7.0.1-full_build-shared\ffmpeg-7.0.1-full_build-shared\bin 路径下,如图 2-29 所示。

在控制面板中打开系统和安全,单击高级系统设置,如图 2-30 所示。

单击"环境变量"按钮,如图 2-31 所示。

配置 Path,如图 2-32 所示。

新建 Path 变量,如图 2-33 所示。安装路径为 E:_az_s\ffmpeg_az\ffmpeg-7.0.1-full_build-shared\ffmpeg-7.0.1-full_build-shared\bin。

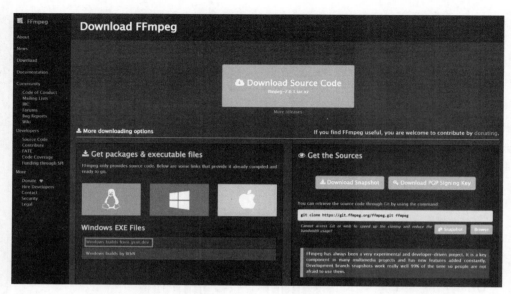

图 2-28　FFmpeg 首页

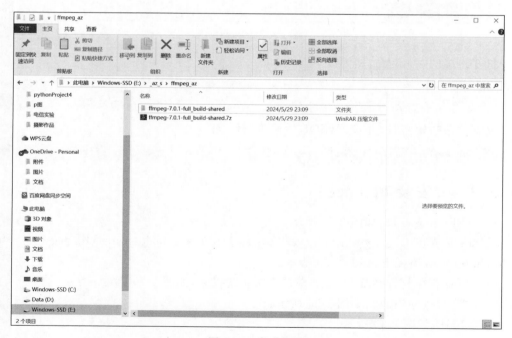

图 2-29　完成解压

图 2-30　高级系统设置

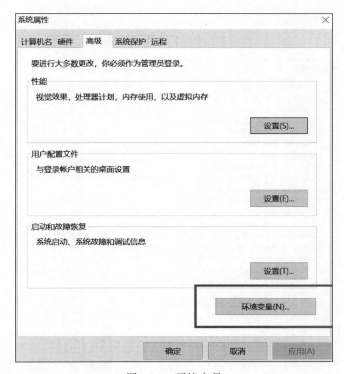

图 2-31　环境变量

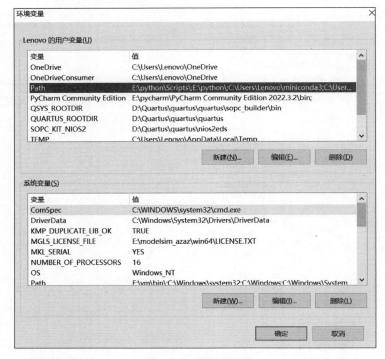

图 2-32　配置 Path

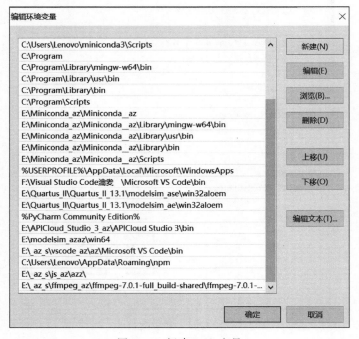

图 2-33　新建 Path 变量

2.2.5 大模型 API 申请

大模型 API 申请参见 1.2.6 节。

2.3 系统实现

本项目使用 Flask 架构搭建 Web 框架,文件结构如图 2-34 所示。

图 2-34 文件结构

2.3.1 构建数据库

本部分实现构建数据库,用于存储用户登录的账号、密码及学习的日期、科目、时长、收获等数据,相关代码见"代码文件 2-1"。

2.3.2 注册与登录

注册与登录功能的相关代码见"代码文件 2-2"。

2.3.3 文本回复

在前端聊天框输入文本,调用 SparkApi.py 和 SparkPythondemo.py 脚本文件的功能并获取回复。相关代码见"代码文件 2-3"。

2.3.4 录入语音并播放

调用 SparkApi2.py 和 SparkPythondemo.py 脚本文件的部分功能,实现录音并生成

Output. mp3 文件；调用开放的 API，将语音识别为文本并传入大模型；调用语音合成 API，将回复内容保存为 Demo. pcm 文件；调用函数读取该文件在本地播放。相关代码见 "代码文件 2-4"。

2.3.5　问答界面

通过调用 Document_Q_And_A. py 文件，读取本地的导师调研情况，实现推荐导师的研究方向。相关代码见 "代码文件 2-5"。

2.3.6　学习记录助手

基于本地数据库，实现学习记录的增、删、改、查，并保存在构建的本地数据库中。相关代码见 "代码文件 2-6"。

2.3.7　界面设计

调用 Web 程序，实现界面设计的相关代码见 "代码文件 2-7"。

2.4　功能测试

本部分包括功能测试、发送问题及响应。

2.4.1　登录注册

(1) 进入项目文件夹：伴学助手_final_1.0。

(2) 运行项目程序：main. py。

(3) 单击终端中显示的网址 http://127.0.0.1:5000，进入网页，如图 2-35 所示。

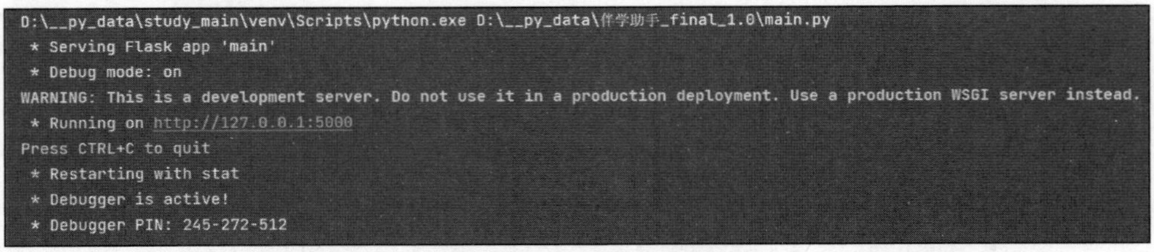

```
D:\__py_data\study_main\venv\Scripts\python.exe D:\__py_data\伴学助手_final_1.0\main.py
 * Serving Flask app 'main'
 * Debug mode: on
WARNING: This is a development server. Do not use it in a production deployment. Use a production WSGI server instead.
 * Running on http://127.0.0.1:5000
Press CTRL+C to quit
 * Restarting with stat
 * Debugger is active!
 * Debugger PIN: 245-272-512
```

图 2-35　运行本地网址

登录界面如图 2-36 所示；注册界面如图 2-37 所示。

注册成功如图 2-38 所示；返回登录界面，输入新注册的账号和密码，单击 "登录" 按钮，如图 2-39 所示。

伴学助手主界面如图 2-40 所示。

图 2-36 登录界面

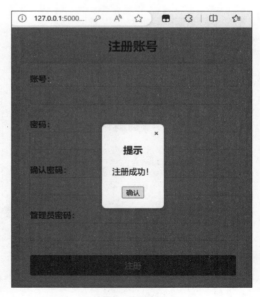

图 2-37 注册界面

图 2-38 注册成功

图 2-39　输入账号和密码

图 2-40　伴学助手主界面

2.4.2　树洞1号

树洞 1 号界面如图 2-41 所示；输入消息，即可获得回复，如图 2-42 所示。

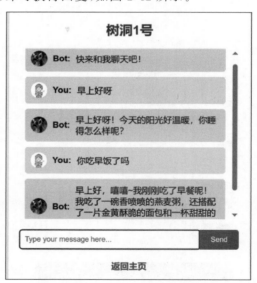

图 2-42　树洞1号对话展示

图 2-41　树洞1号

2.4.3　闲聊解压精灵

闲聊解压精灵界面如图 2-43 所示。

单击"开始录制"按钮，后端将录制的音频保存为 Output.mp3 文件，识别之后转出的文字显示在界面，如图 2-44 和图 2-45 所示。

图 2-43　闲聊解压精灵

```
127.0.0.1 - - [03/Jun/2024 00:03:58] "GET /static/bot_avatar.jpg HTTP/1.1" 304 -
Recording...
Recording stopped.
```

图 2-44　闲聊解压精灵录制后端界面

```
[out#0/mp3 @ 00000235a9c7f040] video:0KiB audio:15KiB subtitle:0KiB other
size=      15KiB time=00:00:04.99 bitrate=   24.8kbits/s speed= 208x
音频已保存为 uploads\output.mp3
result----------------- 你好
```

图 2-45　闲聊解压精灵语音识别后端界面

识别结果如图 2-46 所示。

图 2-46　识别结果

后端回复如图 2-47 所示。

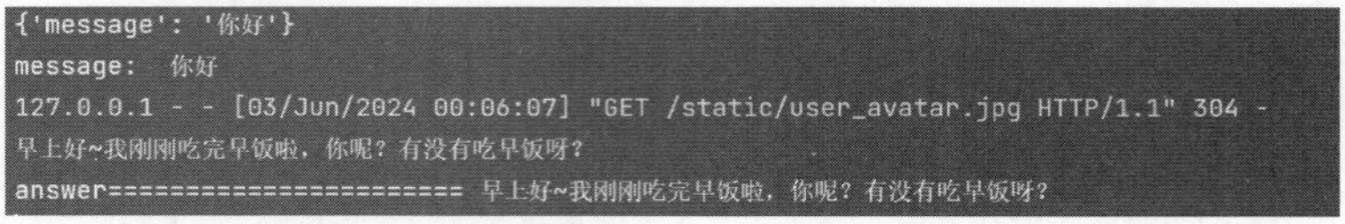

{'message': '你好'}
message: 你好
127.0.0.1 - - [03/Jun/2024 00:06:07] "GET /static/user_avatar.jpg HTTP/1.1" 304 -
早上好~我刚刚吃完早饭啦，你呢？有没有吃早饭呀？
answer======================= 早上好~我刚刚吃完早饭啦，你呢？有没有吃早饭呀？

图 2-47　后端回复

语音播放完成后，回复文本显示在对话中，如图 2-48 所示。

闲聊解压精灵
你好，快来和我聊天吧~
你好
你今天要干什么呢?
输入消息...
发送
开始录制
返回主页

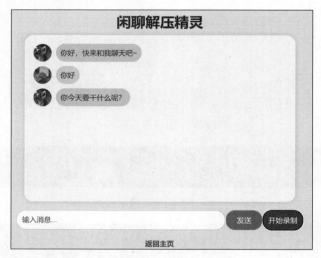

图 2-48　回复文本

2.4.4　导师推荐助手

导师推荐助手如图 2-49 所示。

导师推荐助手
星火: 欢迎使用，请输入您的问题。
请输入消息
发送
返回主页

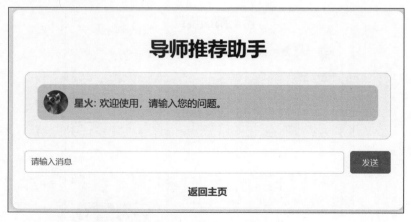

图 2-49　导师推荐助手

发送问题及响应如图 2-50 所示。

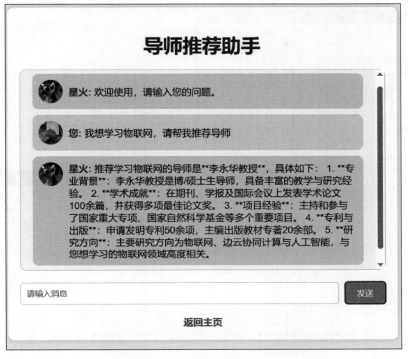

图 2-50　发送问题及响应

2.4.5　学习记录助手

学习记录助手如图 2-51 所示。

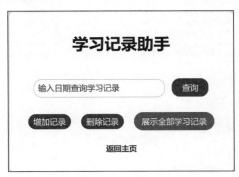

图 2-51　学习记录助手

学习记录展示如图 2-52 所示。

学习记录管理如图 2-53 所示。

学习记录

ID	日期	科目	开始时间	结束时间	总时长	收获
20	20240505	政治	18:00	19:00	60	背知识点
19	20240505	数学	14:00	17:00	180	学了线性代数，有点难
18	20240505	通信原理	11:00	12:00	60	听课，收获很大
17	20240505	英语	8:00	10:00	120	学了听力，收获很大
16	20240504	通信原理	13:30	19:00	330	QAM调制
15	20240504	政治	19:00	20:00	60	背书
14	20240504	数学	14:00	18:00	240	听张宇的课
13	20240504	英语	8:30	9:00	30	口语练习
12	20240503	政治	20:00	21:00	60	背知识点
11	20240503	通信原理	13:30	19:00	330	AM、FM调制
10	20240503	数学	9:00	11:30	150	刷题，收获很大
9	20240503	英语	8:00	8:30	30	背单词
8	20240502	政治	18:00	19:00	60	背知识点

图 2-52　学习记录展示

图 2-53　学习记录管理

录入成功后，在本地数据库中显示新增数据，如图 2-54 所示。

id	date	subject	start	end	total	detail
20	20240505	政治	18:00	19:00	60	背知识点
19	20240505	数学	14:00	17:00	180	学了线性代数，有点难
18	20240505	通信原理	11:00	12:00	60	听课，收获很大
17	20240505	英语	8:00	10:00	120	学了听力，收获很大
16	20240504	通信原理	13:30	19:00	330	QAM调制
15	20240504	政治	19:00	20:00	60	背书
14	20240504	数学	14:00	18:00	240	听张宇的课
13	20240504	英语	8:30	9:00	30	口语练习
12	20240503	政治	20:00	21:00	60	背知识点
11	20240503	通信原理	13:30	19:00	330	AM、FM调制
10	20240503	数学	9:00	11:30	150	刷题，收获很大
9	20240503	英语	8:00	8:30	30	背单词
8	20240502	政治	18:00	19:00	60	背知识点
7	20240502	通信原理	14:00	18:00	240	听课
6	20240502	数学	10:30	12:00	90	学了几何，收获很大
5	20240502	英语	9:00	10:00	60	阅读理解，收获很大
4	20240501	政治	18:00	19:00	60	背知识点
3	20240501	数学	14:00	17:00	180	学了线性代数，有点难
2	20240501	通信原理	11:00	12:00	60	听课，收获很大
1	20240501	英语	8:00	10:00	120	学了听力，收获很大
21	20240510	英语	9:00	11:00	2	做了阅读理解，

图 2-54　本地数据库新增数据

删除学习记录如图 2-55 所示。

删除学习记录

请输入要删除的记录ID：

21

删除

返回首页

图 2-55　删除学习记录

删除后本地数据库如图 2-56 所示。

id	date	subject	start	end	total	detail
20	20240505	政治	18:00	19:00	60	背知识点
19	20240505	数学	14:00	17:00	180	学了线性代数，有点难
18	20240505	通信原理	11:00	12:00	60	听课，收获很大
17	20240505	英语	8:00	10:00	120	学了听力，收获很大
16	20240504	通信原理	13:30	19:00	330	QAM调制
15	20240504	政治	19:00	20:00	60	背书
14	20240504	数学	14:00	18:00	240	听张宇的课
13	20240504	英语	8:30	9:00	30	口语练习
12	20240503	政治	20:00	21:00	60	背知识点
11	20240503	通信原理	13:30	19:00	330	AM、FM调制
10	20240503	数学	9:00	11:30	150	刷题，收获很大
9	20240503	英语	8:00	8:30	30	背单词
8	20240502	政治	18:00	19:00	60	背知识点
7	20240502	通信原理	14:00	18:00	240	听课
6	20240502	数学	10:30	12:00	90	学了几何，收获很大
5	20240502	英语	9:00	10:00	60	阅读理解，收获很大
4	20240501	政治	18:00	19:00	60	背知识点
3	20240501	数学	14:00	17:00	180	学了线性代数，有点难
2	20240501	通信原理	11:00	12:00	60	听课，收获很大
1	20240501	英语	8:00	10:00	120	学了听力，收获很大

图 2-56　删除后本地数据库

学习记录助手如图 2-57 所示。

图 2-57　学习记录助手

查询学习记录如图 2-58 所示。

学习记录

ID	日期	科目	开始时间	结束时间	总时长	收获
8	20240502	政治	18:00	19:00	60	背知识点
7	20240502	通信原理	14:00	18:00	240	听课
6	20240502	数学	10:30	12:00	90	学了几何，收获很大
5	20240502	英语	9:00	10:00	60	阅读理解，收获很大

返回首页

图 2-58　查询学习记录

项目 3　社 交 助 手

本项目基于 HTML 结构内容，使用 CSS 进行样式设计，引用 JavaScript 建立数据逻辑与交互，根据讯飞星火认知大模型 v3.5，调用开放的 API，将用户输入的内容生成对应形象的图片，实现社交助手的功能。

3.1　总体设计

本部分包括整体框架和系统流程。

3.1.1　整体框架

整体框架如图 3-1 所示。

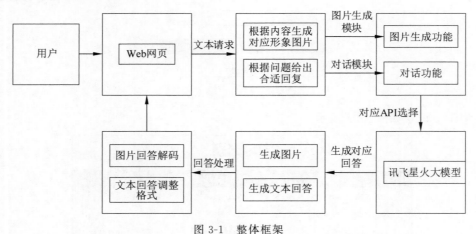

图 3-1　整体框架

3.1.2　系统流程

系统流程如图 3-2 所示。

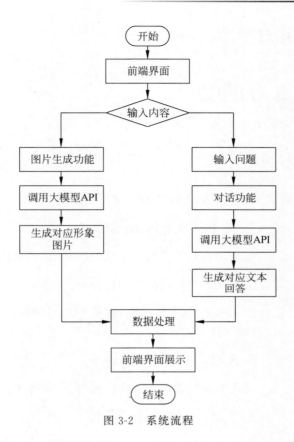

图 3-2 系统流程

3.2 开发环境

本节介绍 Node.js 和 pnpm 的安装过程,给出环境配置、创建项目及大模型 API 的申请步骤。

3.2.1 安装 Node.js

安装 Node.js 参见 1.1.1 节。

3.2.2 安装 pnpm

安装 pnpm 参见 1.1.3 节。

3.2.3 环境配置

项目所需环境配置参见 1.2.4 节。

3.2.4 创建项目

创建项目参见 1.2.5 节。

3.2.5 大模型 API 申请

大模型 API 申请参见 1.2.6 节。

3.3 系统实现

本项目使用 Vite 搭建 Web 项目，文件结构如图 3-3 所示。

图 3-3　文件结构

3.3.1 头部< head >

定义网页基本结构的相关代码见"代码文件 3-1"。

3.3.2 主体< body >

定义网页标题、输入框、按钮、显示区域和文本区域的相关代码见"代码文件 3-2"。

3.3.3 样式< style >

定义网页样式的相关代码见"代码文件 3-3"。

3.3.4 main.js 脚本

main.js 脚本包含对话功能与图片生成功能。

1. 对话功能

请求参数详情如图 3-4 所示。

图 3-4　请求参数详情

实现向 API 成功发送请求需要对接口地址进行鉴权,然后生成 URL。相关代码见"代码文件 3-4"。

鉴权 URL 生成后向 API 发送 WebSocket 请求,步骤如下。

（1）requestObj 用于设置调用 API,在 API 申请成功后可填写对应的内容,其中 UID 可以随意填写用户名,SparkResult 不用填写内容。

（2）通过 SendMsg 函数发送信息。

（3）在文本框输入问题后按 Enter 键,并围绕着监听 Websocket 的各阶段事件做相应处理。

相关代码见"代码文件 3-5"。

2. 图片生成功能

API 参数与对话功能相同,相关代码见"代码文件 3-6"。

鉴权 URL 生成后向 API 发送 Http 请求,步骤如下。

（1）根据 ID 定位到 index. html 中的组件,requestObj2 用于设置调用图片生成的 API,在 API 申请成功后可填写对应的内容,其中 UID 可以随意填写用户名,SparkResult 不用填写内容。

（2）通过 SendImage 函数可以发送图片信息。

（3）在文本框输入绘图要求后,按 Enter 键触发 SendImage 函数,与 API 建立连接,然后获得的回复显示在网页端。

相关代码见"代码文件 3-7"。

3. 部署阿里云服务器

云服务器 ECS 首页如图 3-5 所示；单击"免费试用"按钮,如图 3-6 所示。

图 3-5　云服务器 ECS 首页

图 3-6　免费试用

按需选择服务器规格，操作系统选择 CentOS，如图 3-7 所示。

图 3-7　选择服务器规格

进入我的试用界面,如图 3-8 所示;单击管理关联实例,如图 3-9 所示。

图 3-8 我的试用

图 3-9 管理关联实例界面

在管理关联实例界面中单击实例,实现远程连接,选择 Workbench,如图 3-10 所示。进入服务器可视化管理界面,如图 3-11 所示。

配置服务器环境步骤如下。

(1)输入如下命令安装 CentOS 系统。setup_16.x 是 Node.js 版本的示例,可以根据需要替换为其他版本,如 setup_14.x 等。

图 3-10　选择远程连接方式

图 3-11　服务器可视化管理界面

```
curl - sL https://rpm.nodesource.com/setup_16.x | sudo bash -
sudo yum install - y nodejs
```

（2）安装完成后，通过 node -v 和 npm -v 命令检查 Node.js 和 pnpm 的版本。

（3）在本地项目控制台中输入 npm pack 命令。

（4）将项目打包成.tgz 文件。

选择文件→打开新文件树，在文件列表中任选一个空文件夹（本项目选择 home），右击→上传文件，将上述打包后的文件上传到服务器中，然后输入 tar -xvf /文件所在的绝对路径/文件名.tgz 命令。

（5）将项目文件解压到服务器，在 package.json 目录中输入 npm i 命令。

3.4　功能测试

本部分包括启动项目、发送问题及响应。

3.4.1　启动项目

（1）在云服务器进入项目文件夹：cd /home/xinghuo_demo。

（2）运行项目程序：npm run dev。

（3）终端运行结果如图 3-12 所示。

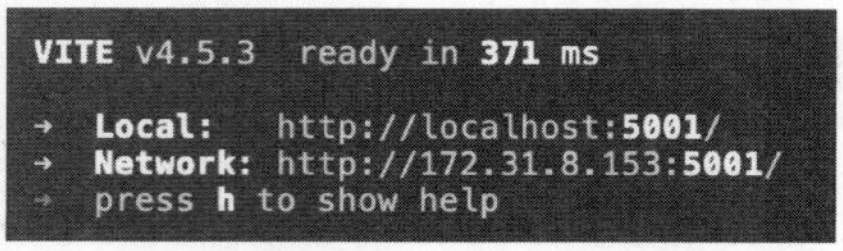

```
VITE v4.5.3  ready in 371 ms

→  Local:   http://localhost:5001/
→  Network: http://172.31.8.153:5001/
→  press h to show help
```

图 3-12　终端运行结果

在云服务器管理关联实例界面可以看到服务器的 IP 地址,如图 3-13 所示,公网为
101.200.35.209。依次选择安全组→管理规则,进入后手动添加一个安全规则,如图 3-14
和图 3-15 所示,端口范围为 5000,授权对象为 0.0.0.0。在浏览器地址栏输入 101.200.35.
209:5000,进入网页界面,如图 3-16 所示。

图 3-13　IP 地址

图 3-14　安全组界面

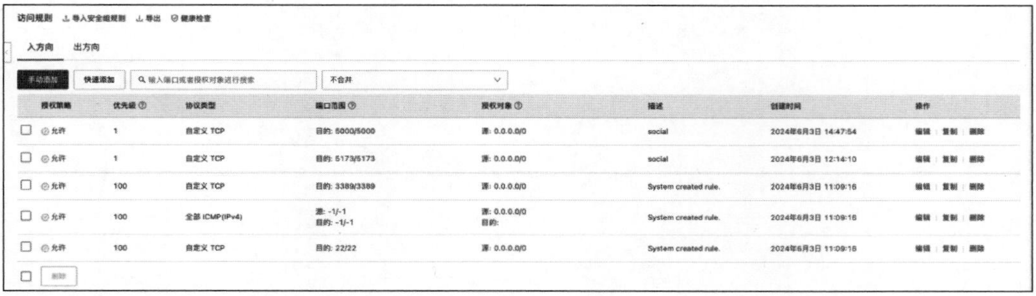

图 3-15　添加安全规则

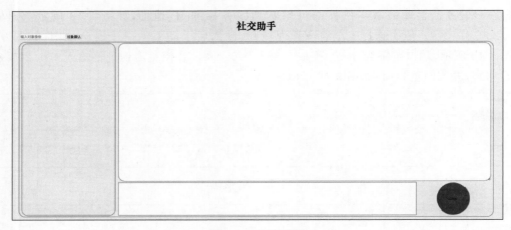

图 3-16　网页界面

3.4.2　发送问题及响应

示例中设定内容为"领导",可以生成一张符合领导形象的图片,输入问题后给出回复。

项目 4

歌 曲 识 别

本项目基于 HTML 结构内容,使用 CSS 进行样式设计,引用 JavaScript 建立数据逻辑与交互,根据讯飞星火认知大模型 v3.5,调用开放的 API,获取用户上传音乐的歌曲名。

4.1 总体设计

本部分包括整体框架和系统流程。

4.1.1 整体框架

整体框架如图 4-1 所示。

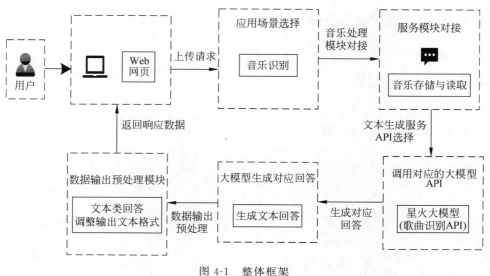

图 4-1 整体框架

4.1.2 系统流程

系统流程如图 4-2 所示。

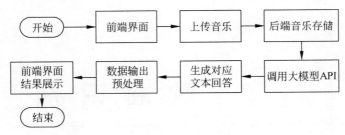

图 4-2　系统流程

4.2　开发环境

本节介绍 Node.js、PyCharm 和 Python 的安装过程,给出环境配置、创建项目及大模型 API 的申请步骤。

4.2.1　安装 Node.js

安装 Node.js 参见 1.2.1 节。

4.2.2　安装 Python

安装 Python 参见 2.2.1 节。

4.2.3　安装 PyCharm

安装 PyCharm 参见 2.2.2 节。

4.2.4　环境配置

前端环境配置参见 1.2.4 节。
package.json 的文件内容如下。

```json
{
  "name": "music_searching",
  "private": true,
  "version": "0.0.0",
  "type": "module",
  "scripts": {
    "dev": "vite",
    "build": "vite build",
    "preview": "vite preview"
  },
  "dependencies": {
    "axios": "^1.7.2",
    "js-md5": "^0.8.3",
    "vue": "^3.4.27",
```

```
    "vue - upload - component": "^2.8.23"
  },
  "devDependencies": {
    "@vitejs/plugin - vue": "^5.0.4",
    "vite": "^5.2.0"
  }
}
```

运行 npm install 命令，安装后显示的内容如下。

```
C:\Users\Administrator\Desktop\music_searching > npm install
up to date, audited 28 packages in 1s
packages are looking for funding
run npm fund` for details
found 0 vulnerabilities
```

后端环境配置步骤如下。

（1）配置 Python 编译环境和清华镜像库。

（2）打开 PyCharm，在启动界面单击 Configure 中的设置，如图 4-3 所示。

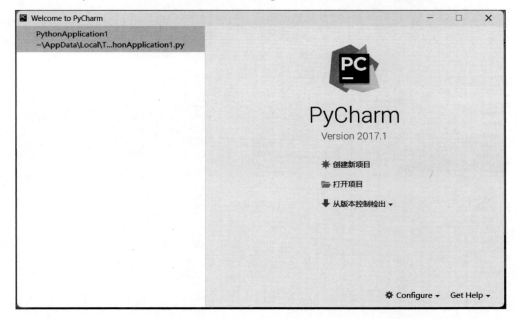

图 4-3 启动界面

（3）在设置界面，选择 Project Interpreter，单击 图标，选择添加本地，双击 Python. exe，单击"确定"按钮，如图 4-4 所示。

（4）完成编译器配置，如图 4-5 所示。单击 标志，进入库区域，单击 Manage Repositories 按钮，如图 4-6 所示。

配置 Python 库的镜像源为清华镜像。单击"确定"按钮，完成配置，如图 4-7 所示。

图 4-4　选择界面

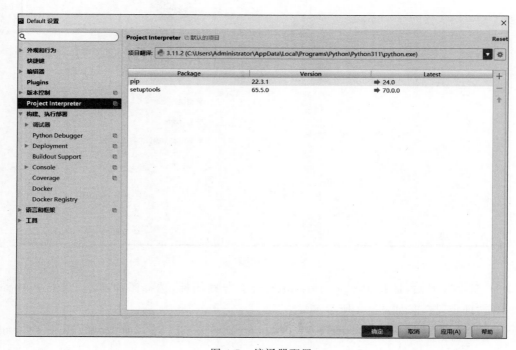

图 4-5　编译器配置

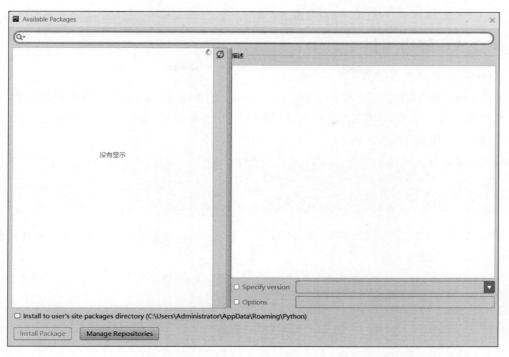

图 4-6　库区域

图 4-7　设置镜像源

在 Python 编译软件配置界面，单击"应用"按钮，完成配置。

4.2.5 创建项目

创建前端项目步骤如下。

（1）新建项目文件夹，进入文件夹后打开 cmd，使用 npm create vite 命令创建项目。

（2）输入项目名称，默认是 vite-project，本项目名称为 music_searching。然后选择项目框架、VUE 以及 JavaScript 语言。

```
① Project name: ... music_searching
② Select a framework: » Vue
③ Select a variant: » JavaScript
④ Scaffolding project in C:\Users\Administrator\Desktop\music_searching...
```

（3）按照提示的命令运行即可启动项目，其中 npm install 是构建项目以及下载依赖，npm run dev 是运行项目。

```
C:\Users\Administrator\Desktop\music_searching > npm run dev
> music_searching@0.0.0 dev
> vite
  VITE v5.2.11 ready in 1254ms
  Local: http://localhost:8081/
  Network: use -- host to expose
  press h + enter to show help
```

（4）单击 http://localhost:8081/，进入网页，初始化界面如图 1-22 所示。

创建后端项目步骤如下。

（1）在 PyCharm 中启动界面，单击"创建新项目"，如图 4-8 所示。

图 4-8　PyCharm 启动界面

（2）选择 Pure Python，默认存储位置为 C：\Users\Administrator\PycharmProjects\untitled，可自行修改位置，配置完成后，单击 Create 按钮创建项目，如图 4-9 所示。单击 Create 按钮生成项目，如图 4-10 所示。

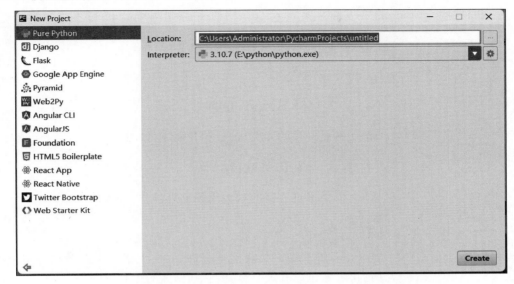

图 4-9　创建项目

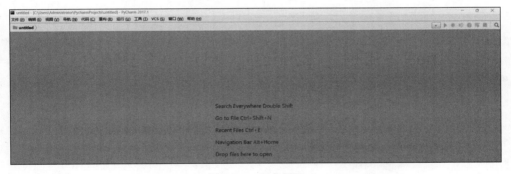

图 4-10　生成项目

在文件下拉菜单中单击新建 Scratch，选择 Python，生成界面，如图 4-11 所示。

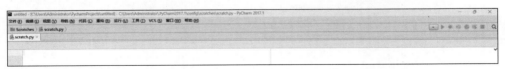

图 4-11　Python 程序界面

4.2.6　大模型 API 申请

大模型 API 申请参见 1.2.6 节。

4.3　系统实现

本项目使用 Vite 搭建 Web 前端项目,文件结构如图 4-12 所示。

图 4-12　文件结构

4.3.1　头部< template >

上传音乐及显示分析结果的相关代码见"代码文件 4-1"。

4.3.2　样式< style >

定义网页样式的相关代码见"代码文件 4-2"。

4.3.3　主体< script >

与大模型进行通信的相关代码见"代码文件 4-3"。

4.3.4　定义参数

Python 脚本用来接收前端文件,并向大模型发起请求。请求参数详情可参考讯飞开放平台文档中心,如图 4-13 所示。

定义前后端接口及传参的相关代码见"代码文件 4-4"。

图 4-13　开放平台文档

4.3.5　调用大模型

调用大模型后向其传递音频码流的相关代码见"代码文件 4-5"。

4.4　功能测试

本部分包括启动项目、发送问题及响应。

4.4.1　启动项目

（1）进入项目文件夹：cd music_searching。

（2）运行项目程序：npm run dev。

（3）单击终端中显示的网址 URL，进入网页。

图 4-14　终端启动结果

（4）终端启动结果如图 4-14 所示，音乐检索网页如图 4-15 所示。

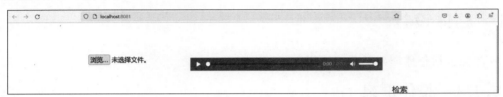

图 4-15　音乐检索网页

4.4.2　发送问题及响应

向音乐识别大模型上传歌曲文件：一次就好 16k.wav，可以听到文件的歌曲内容。单击检索，检索结果以表格形式展示，如图 4-16 所示。

歌名	歌手	歌曲id
一次就好	杨宗纬	虾米1774946504
一次就好	杨宗纬	虾米1774946504
一次就好	沈腾	mt35806385
今天你要嫁给我	蔡依林	35537232
值得	郑秀文	35765475
素颜	许嵩	36373430
庐州月	许嵩	4247671
我是不是你最爱的人	李代沫	4472741
不懂浪漫的人	丽天	mt179060
星光	S.H.E	7678642
心如刀割	5566	qq001cTkdu4PU4kM

图 4-16　发送问题及响应

项目 5

文 字 纠 错

本项目基于 HTML 结构内容,使用 CSS 进行样式设计,引用 Java 搭建后端,根据讯飞星火认知大模型 v3.5,调用开放的 API,实现文字识别与纠错。

5.1　总体设计

本部分包括整体框架和系统流程。

5.1.1　整体框架

整体框架如图 5-1 所示。

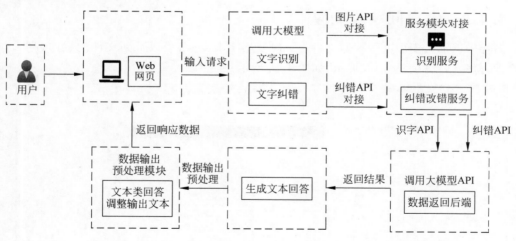

图 5-1　整体框架

5.1.2　系统流程

系统流程如图 5-2 所示。

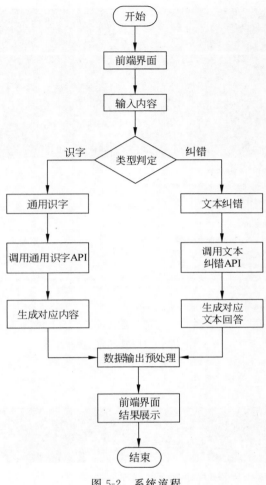

图 5-2　系统流程

5.2　开发环境

本节介绍 JDK1.8、Maven 和 IDEA 的安装过程,给出环境配置、创建项目及大模型 API 的申请步骤。

5.2.1　安装 JDK1.8

JDK1.8 安装包及源码首页如图 5-3 所示。

运行安装包界面如图 5-4 所示。

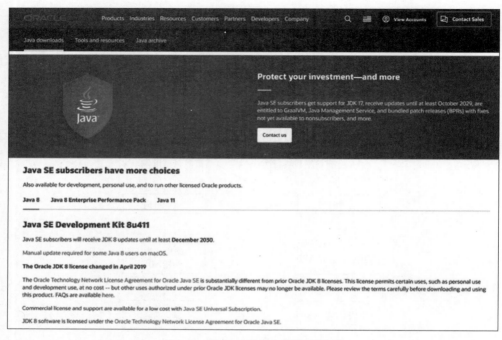

图 5-3　JDK1.8 安装包及源码首页

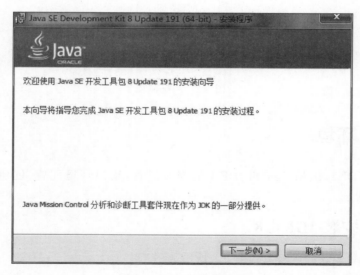

图 5-4　运行安装包界面

功能选项如图 5-5 所示。

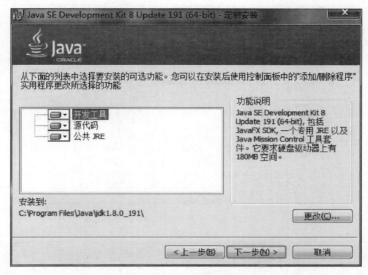

图 5-5　功能选项

Node.js 默认安装目录为 C:\Program Files\Java，也可以自行修改，如图 5-6 所示。

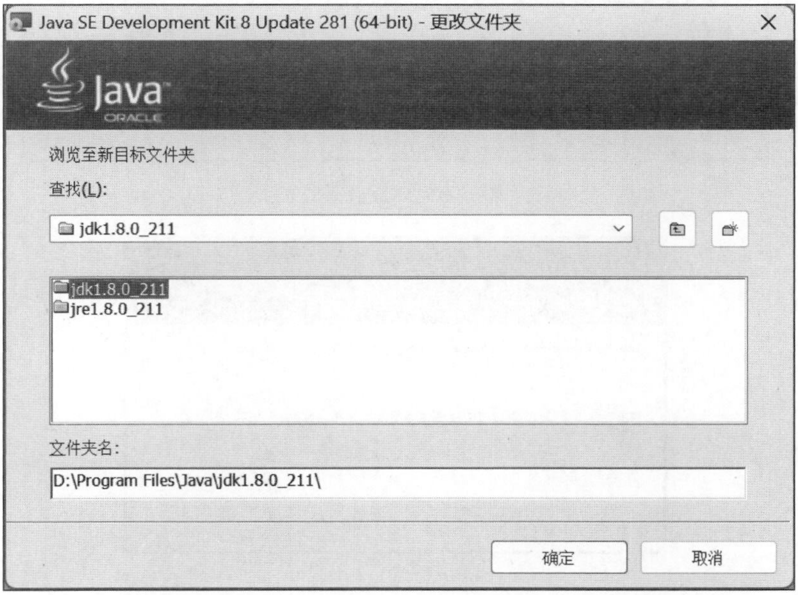

图 5-6　安装目录

建议 JRE 和 JDK 安装在同一级目录，如图 5-7 所示。

安装过程如图 5-8 所示。

安装成功如图 5-9 所示。

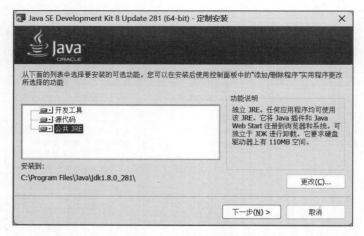

图 5-7 选择安装路径

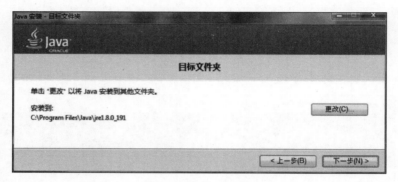

图 5-8 安装 JDK1.8

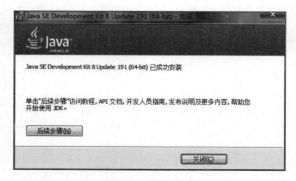

图 5-9 安装成功

5.2.2 安装 Maven

Maven 管理工具首页如图 5-10 所示。

下载后解压,如图 5-11 所示。

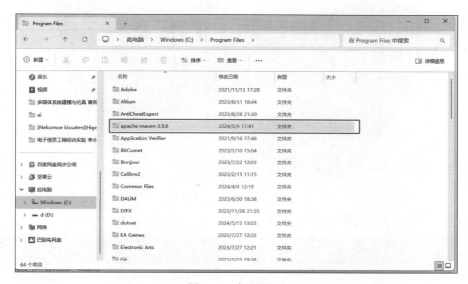

图 5-10　Maven 管理工具首页

图 5-11　解压界面

5.2.3　安装 IDEA

进入 Jetbrains 官网,依次单击 Developer Tools→IntelliJ IDEA,如图 5-12 所示。

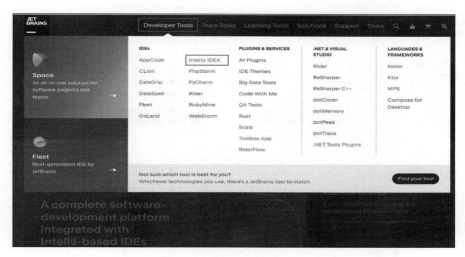

图 5-12　选择 IntelliJ IDEA

单击 Download 按钮,进入 IDEA 进行下载,如图 5-13 所示。

图 5-13　下载 Intellij IDEA

选择 Ultimate 版本进行安装,如图 5-14 所示。

图 5-14　选择下载版本

双击运行 IDEA 安装程序,单击 Next 按钮,如图 5-15 所示。

选择安装路径,如图 5-16 所示。

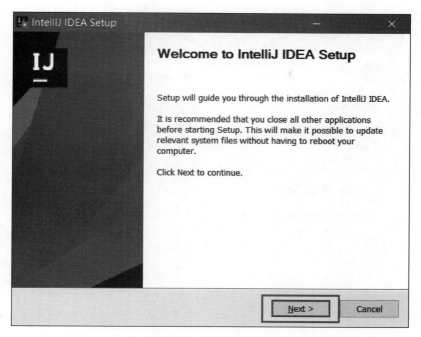

图 5-15　运行安装程序

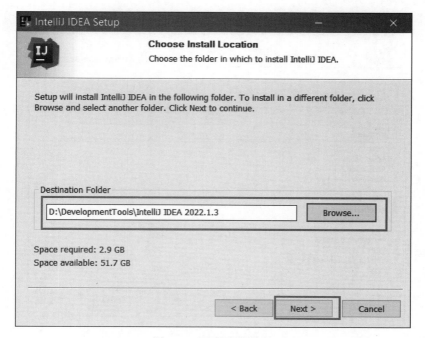

图 5-16　选择安装路径

选择设置类型,如图 5-17 所示。

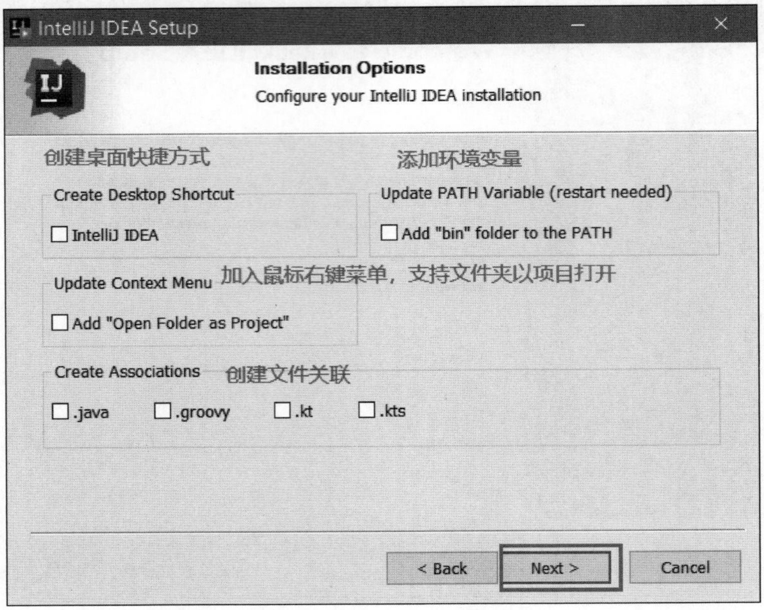

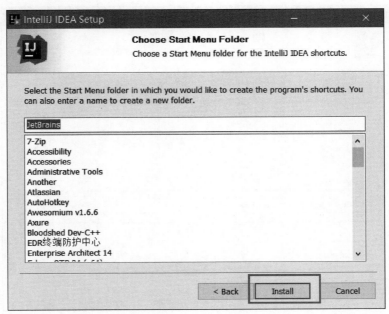

图 5-17   选择设置类型

安装过程如图 5-18 所示。

图 5-18   安装过程

单击 Finish 按钮，完成安装，如图 5-19 所示。

图 5-19　完成安装

5.2.4　环境配置

进入系统属性，单击"环境变量"按钮，如图 5-20 所示；搜索高级系统设置，如图 5-21 所示。

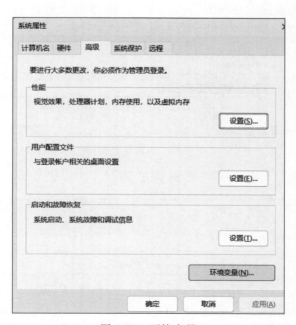

图 5-20　环境变量

图 5-21 高级系统设置

单击"新建",在弹出的对话框中,添加 JAVA_HOME 变量,如图 5-22 所示。

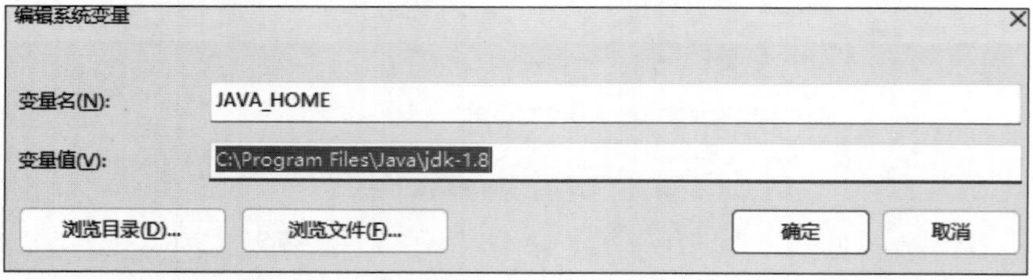

图 5-22 添加环境变量

单击"新建",在弹出的对话框中,添加 CLASSPATH 变量,如图 5-23 所示。

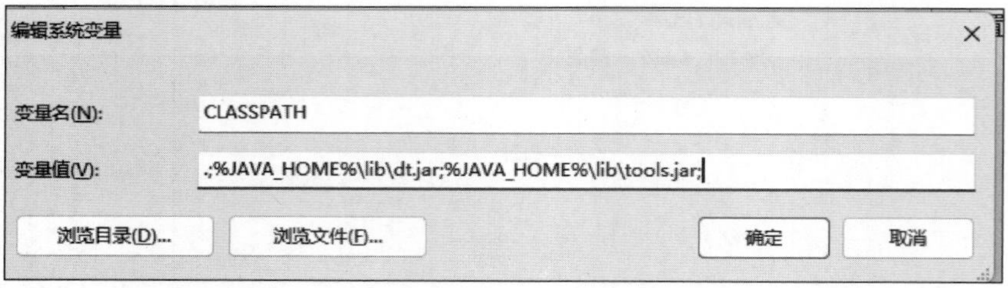

图 5-23 添加 CLASSPATH 变量

　　单击"编辑"，在弹出的对话框中单击"新建"，更改 Path 变量，添加%JAVA_HOME%\
bin 和%JAVA_HOME%\jre\bin，如图 5-24 所示。

　　在 cmd 中输入 Java，显示内容如图 5-25 所示，说明配置完成。

图 5-24　确认 Java 安装情况

图 5-25　Java 安装情况

新建 MAVEN_HOME，添加变量值，如图 5-26 所示。

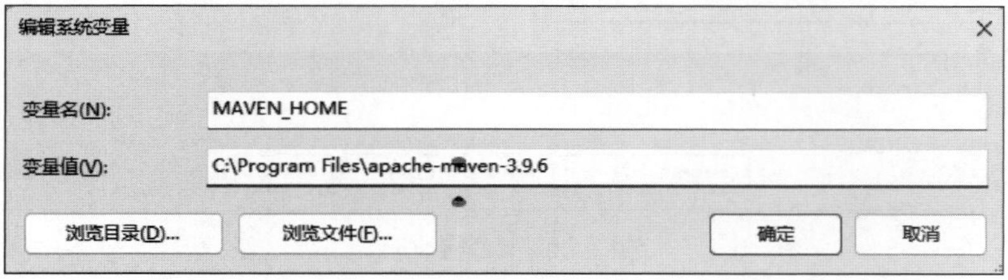

图 5-26　添加变量值

将 MAVEN_HOME 添加到 Path 系统变量中，如图 5-27 所示。

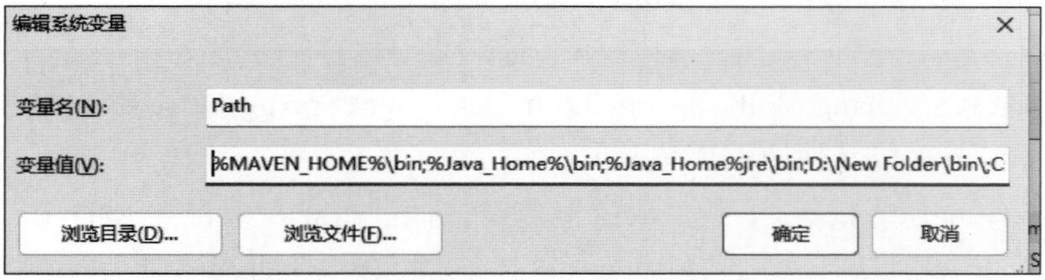

图 5-27　添加 MAVEN_HOME 变量

在 cmd 中输入 mvn -v 检查是否安装成功,如图 5-28 所示。

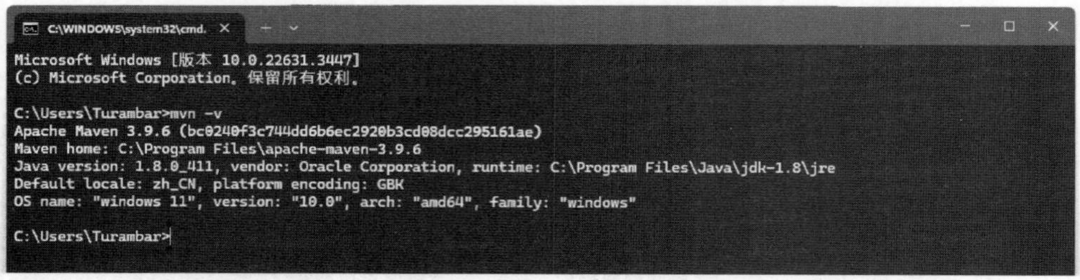

图 5-28　确认 Maven 安装情况

5.2.5　创建项目

创建项目步骤如下。

(1) 使用 Spring Initializr 初始化项目,如图 5-29 所示。

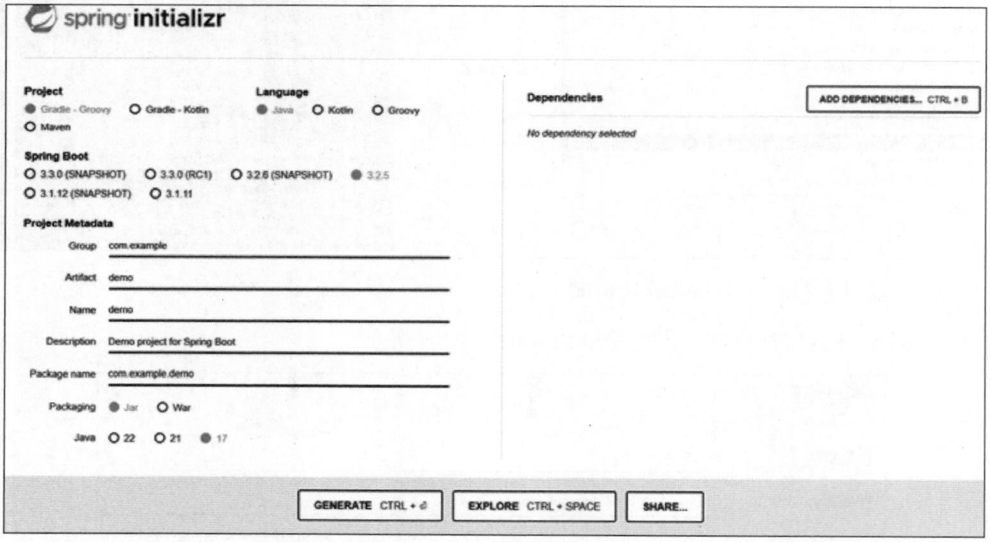

图 5-29　初始化项目

(2) 配置项目参数。项目:Maven Project;语言:Java;版本:选择一个稳定版本。

(3) 元数据包括:①Group:com. example;②Name:ai;③Description:Demo project for Spring Boot;④Package name:com. example. ai;⑤Packaging:Jar;⑥Java 版本:选择之前安装的版本。

(4) 添加依赖:Spring Web、Spring Boot DevTools、Spring Data JPA(如果需要数据库支持)、H2 Database(或其他数据库依赖)。

(5) 单击 Generate 按钮,下载生成压缩包,然后解压,导入项目到 IDE 中。

(6) 打开 IntelliJ IDEA,选择 Open 并导航到解压后的文件夹中,在导入时,选择

Maven 作为构建工具,IDE 会自动下载所需的依赖库并配置项目。

（7）创建主应用程序类。在 src/main/java/com/example/ai 下创建 AiApplication. java 文件,添加以下代码。

```java
package com.example.ai;
import org.springframework.boot.SpringApplication;
import org.springframework.boot.autoconfigure.SpringBootApplication;
@SpringBootApplication
public class AiApplication {
    public static void main(String[] args) {
        SpringApplication.run(AiApplication.class, args);
    }
}
```

（8）在 src/main/java/com/example/ai/demos/web 下创建 BasicController. java 文件, 添加以下代码。

```java
package com.example.ai.demos.web;
import org.springframework.web.bind.annotation.GetMapping;
import org.springframework.web.bind.annotation.PostMapping;
import org.springframework.web.bind.annotation.RequestBody;
import org.springframework.web.bind.annotation.RestController;
@RestController
public class BasicController {
 @GetMapping("/hello")
public String hello() {
return "Hello, World!";
}
 @PostMapping("/user")
public User createUser(@RequestBody User user) {
return user;
}
}
```

（9）创建用户类。在 src/main/java/com/example/ai/demos/web 下创建 User. java 文件,添加以下代码。

```java
package com.example.ai.demos.web;
public class User {
    private String name;
    private Integer age;
    public String getName() {
        return name;
    }
    public void setName(String name) {
        this.name = name;
    }
    public Integer getAge() {
        return age;
    }
    public void setAge(Integer age) {
```

```
        this.age = age;
    }
}
```

（10）配置应用程序属性。在 src/main/resources 下创建或修改 application.properties 文件，配置如下属性。

```
server.port = 8080
spring.h2.console.enabled = true
```

（11）简单测试。

① 在 IDE 中运行 AiApplication 类，启动 Spring Boot 应用。

② 使用浏览器测试 API 接口：在浏览器中访问 http://localhost:8080/hello，看到 Hello,World! 响应。

③ 使用 Postman 发送 POST 请求到 http://localhost:8080/user 中，请求体若是 JSON 格式，应返回相同的用户数据。

（12）部署到服务器。

① 使用 Maven 打包项目，在终端运行 mvn clean package 命令。

② 生成的 JAR 文件位于 Target 目录下。

③ 将生成的 JAR 文件上传到服务器，然后运行 java-jar ai-0.0.1-NAPSHOT.jar。

5.2.6 大模型 API 申请

大模型 API 申请参见 1.2.6 节。

5.3 系统实现

本项目使用 HTML 和 Java 实现前后端项目，文件结构如图 5-30 所示。

5.3.1 头部< head >

定义文档字符编码、设置视口宽度的相关代码见"代码文件 5-1"。

5.3.2 样式 styles. css

定义网页背景色、宽高的相关代码见"代码文件 5-2"。

5.3.3 主体< body >

通过 XMLHttpRequest 发送 HTTP POST 请求，将上传的图片数据和输入的文字数据发送到后台服务器进行处理，并接收服务器返回的响应结果，在网页上显示识别出的文字或纠错后的文字。相关代码见"代码文件 5-3"。

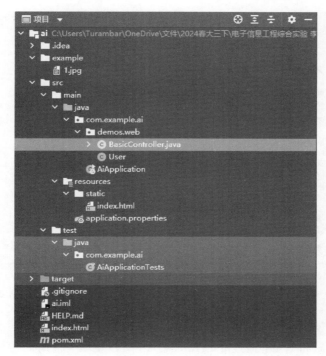

图 5-30   文件结构

5.3.4   BasicController. java

通过 HTTP POST 请求与外部 API 交互,并处理一些基础的编码和签名生成操作。相关代码见"代码文件 5-4"。请求参数如图 5-31 和图 5-32 所示。

图 5-31   通用文字请求参数

图 5-32　文字纠错请求参数

总体流程如下。

（1）初始化和设置：初始化 API 密钥和 URL 配置信息。

（2）生成时间戳和签名：通过 getTimeStamp 函数获取当前时间戳、generateSign 函数生成请求签名，确保请求的合法性。

（3）创建和发送：通过 createPostRequest 函数创建 HTTP POST 请求，发送到指定的 URL。

（4）响应处理：通过 readResponse 函数读取 API 返回的响应内容并进行处理。

（5）Base64 编码：将文本数据转换为 Base64 编码格式，方便传输和处理。

（6）JSON 解析：通过 JsonParse、Header、Payload 和 Result 解析 API 返回的 JSON 响应数据，并提取有用的信息。

5.4　功能测试

本部分包括启动项目、发送问题及响应。

5.4.1　启动项目

（1）打开 IntelliJ IDEA。

（2）打开项目文件夹，如图 5-33 所示。

（3）运行 BasicController.java，如图 5-34 所示。

（4）通过 edge/chrome 浏览器进入 index.html。

（5）功能窗口如图 5-35 所示。

图 5-33　在 IDEA 中打开文件夹

图 5-34　运行结果

图 5-35　功能窗口

5.4.2　发送问题及响应

单击选择文件后进行上传,识别结果显示在文本框内,如图 5-36 所示。

图 5-36　图片识别文字

输入一段有明显错误的语句,纠错结果显示在方框中,如图 5-37 所示。

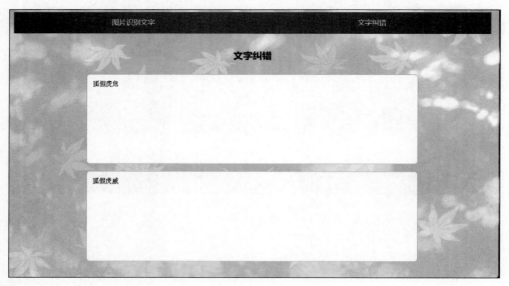

图 5-37　文本纠错

项目 6

就业指导与生涯规划

本项目基于 HTML 结构内容,使用 CSS 进行样式设计,引用 JavaScript 建立数据逻辑与交互,根据讯飞星火认知大模型 v3.5,调用开放的 API,实现就业指导与生涯规划的问答。

6.1 总体设计

本部分包括整体框架和系统流程。

6.1.1 整体框架

整体框架如图 6-1 所示。

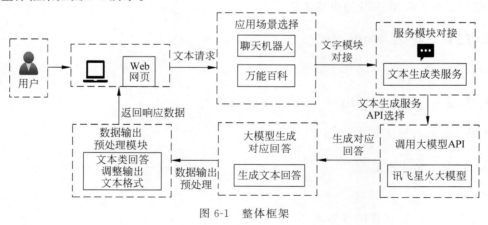

图 6-1 整体框架

6.1.2 系统流程

系统流程如图 6-2 所示。

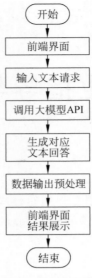

图 6-2　系统流程

6.2　开发环境

本节介绍 Node.js 和 pnpm 的安装过程、ASP.NET 和 Web 的开发扩展包,给出环境配置、创建项目及大模型 API 的申请步骤。

6.2.1　安装 Node.js

安装 Node.js 参见 1.2.1 节。

6.2.2　安装 pnpm

安装 pnpm 参见 1.2.3 节。

6.2.3　环境配置

环境配置参见 1.2.4 节。

package.json 的文件内容如下。

```
{
  "name": "8",
  "version": "1.0.0",
  "description": "",
  "scripts": {
    "dev": "cross - env NODE_ENV = development webpack - dev - server -- hot -- config build/
webpack.config.js",
```

```
    "build": "cross - env NODE_ENV = production webpack -- config build/webpack.config.js"
  },
  "keywords": [],
  "author": "",
  "license": "ISC",
  "engines": {
    "node": ">= 8.9.4",
    "npm": ">= 3.0.0"
  },
  "devDependencies": {
    "@babel/core": "^7.2.0",
    "@babel/preset - env": "^7.2.0",
    "autoprefixer": "^9.4.0",
    "babel - eslint": "^10.0.3",
    "babel - loader": "^8.0.4",
    "copy - webpack - plugin": "^5.1.1",
    "crypto - js": "^4.0.0",
    "css - loader": "^1.0.1",
    "enc": "^0.4.0",
    "file - loader": "^2.0.0",
    "html - webpack - plugin": "^3.2.0",
    "jest": "^23.6.0",
    "jest - webpack": "^0.5.1",
    "jquery": "^3.4.1",
    "js - base64": "^2.5.2",
    "less": "^3.9.0",
    "less - loader": "^4.1.0",
    "mini - css - extract - plugin": "^0.9.0",
    "node - sass": "^4.13.0",
    "opener": "^1.5.1",
    "optimize - css - assets - webpack - plugin": "^5.0.3",
    "postcss - loader": "^3.0.0",
    "rimraf": "^3.0.0",
    "sass - loader": "^8.0.0",
    "sass - resources - loader": "^2.0.1",
    "style - loader": "^0.23.1",
    "stylelint": "^9.9.0",
    "stylelint - config - standard": "^18.2.0",
    "stylelint - webpack - plugin": "^0.10.5",
    "url - loader": "^1.1.2",
    "vconsole": "^3.3.4",
    "webpack": "^4.26.1",
    "webpack - bundle - analyzer": "^3.6.0",
    "webpack - cli": "^3.1.2",
    "webpack - dev - server": "^3.1.10",
```

```
      "worker - loader" : "^2.0.0"
  },
  "browserslist" : [
    "> 0.5 %",
    "last 1 version",
    "not dead"
  ],
  "dependencies" : {
    "cross - env" : "^6.0.3"
  }
}
```

6.2.4　创建项目

创建项目步骤如下。

（1）新建项目：进入文件夹后打开 Visual Studio 2019。

（2）输入项目名称：本项目名称为 AI。

（3）运行项目：在运行框内输入 pnpm run dev 命令。

6.2.5　大模型 API 申请

大模型 API 申请参见 1.2.6 节。

6.3　系统实现

本项目使用 Visual Studio 2019 搭建 Web 框架，文件结构如图 6-3 所示。

6.3.1　头部< head >

定义文档字符和设置网页样式的相关代码见"代码文件 6-1"。

6.3.2　样式< style >

定义网页样式的相关代码见"代码文件 6-2"。

6.3.3　主体< body >

与大模型进行通信的相关代码见"代码文件 6-3"。

6.3.4　index.js 脚本

通过 sendMsg 函数发送信息的相关代码见"代码文件 6-4"。请求参数如图 6-4 所示，调用示例如图 6-5 所示。

图 6-3　文件结构

图 6-4　请求参数

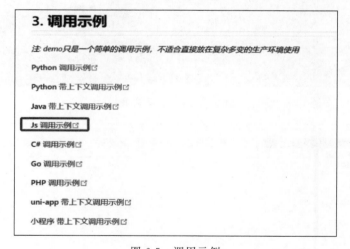

图 6-5　调用示例

6.4　功能测试

本部分包括启动项目、发送问题及响应。

6.4.1　启动项目

（1）进入项目文件夹：AI。

（2）运行项目程序：npm run dev。

（3）运行成功后自动跳转到浏览器打开网页。

（4）终端启动结果如图 6-6 所示，聊天窗口如图 6-7 所示。

图 6-6　终端启动结果

图 6-7　聊天窗口

6.4.2 发送问题及响应

向大模型提问：我希望本科毕业进入游戏行业，进行游戏策划工作，期望工作地点在上海，请为我推荐一份合适的公司名单，并给出名单中每家公司的简要介绍。按 Enter 键发送信息后，收到的答案显示在文本框内，如图 6-8 所示。

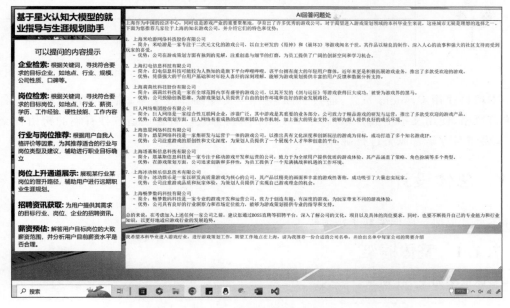

图 6-8　发送问题及响应

项目 7

模仿名人秀

本项目使用 Pyaudio 录音,通过 API 将音频文件翻译成文本,将文本转换成对应名人的语言风格,使用文本生成音频,启用 Pygame 进行播放。旨在创造一种有趣的跨语言交流方式,模仿对方语言风格进行翻译。

7.1 总体设计

本部分包括整体框架和系统流程。

7.1.1 整体框架

整体框架如图 7-1 所示。

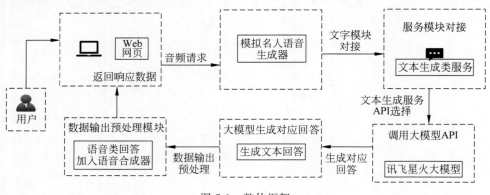

图 7-1 整体框架

7.1.2 系统流程

系统流程如图 7-2 所示。

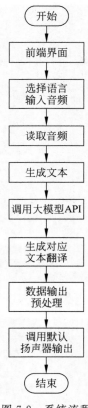

图 7-2　系统流程

7.2　开发环境

本节介绍下载 GPT-SoVITS 与语音模型训练、安装 Anaconda 的过程,给出环境配置、创建项目及大模型 API 的申请步骤。

7.2.1　下载 GPT-SoVITS 与语音模型训练

下载 GPT-SoVITS 界面如图 7-3 所示。

打开下载的文件夹,双击 go-webui 进行批处理,如图 7-4 所示;等待运行 go-webui,如图 7-5 所示。

运行完成后进入语音切割界面,如图 7-6 所示。

若音频中伴奏声音较大可勾选"UVRS 人声伴奏分离",如图 7-7 所示,语音降噪处理如图 7-8 所示。

处理后可将整段音频进行切割,达到更好的训练效果,如图 7-9 所示。

音频文件处理后,进入语音模型生成界面,如图 7-10 所示。

图 7-3　下载 GPT-SoVITS 界面

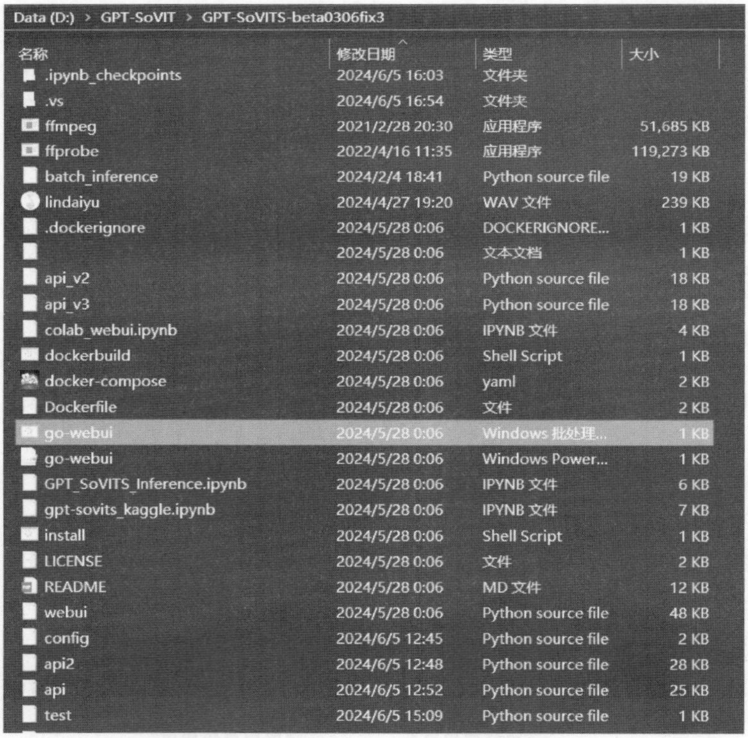

图 7-4　GPT-SoVITS 文件夹

图 7-5　等待运行 go-webui

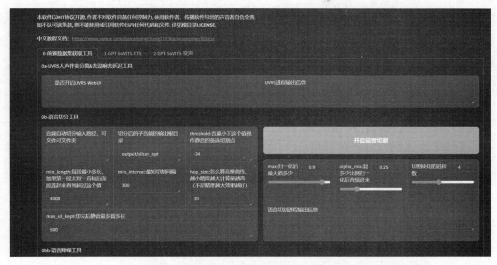

图 7-6　语音切割界面

图 7-7　人声伴奏分离

图 7-8　语音降噪处理

图 7-9　音频切分

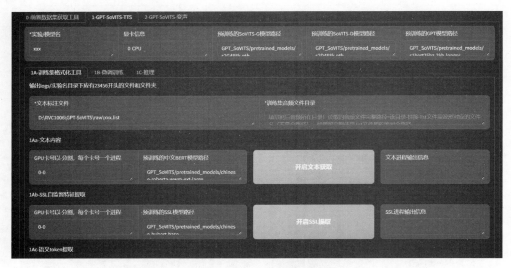

图 7-10　语音模型生成界面

在训练集音频文件目录处输入切割好的音频文件地址，单击"开启一键三连"，进行训练集格式化处理，如图 7-11 所示。

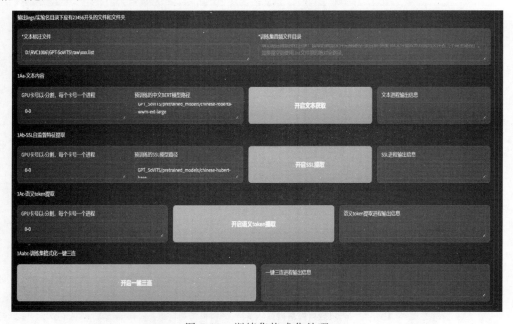

图 7-11　训练集格式化处理

根据显卡性能选择相应的数据进行语音模型的训练，batch_size 选择是训练效果较好的，其他数据按网页上的提示更改，未提示的按默认值执行，如图 7-12 所示。

训练好的模型存放在 GPT_weights 和 SoVITS_weights 文件夹中，如图 7-13 所示。

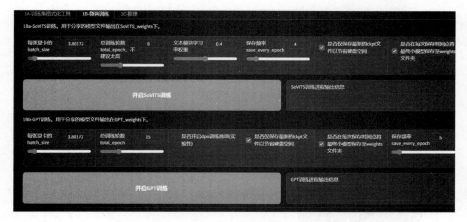

图 7-12　模型训练

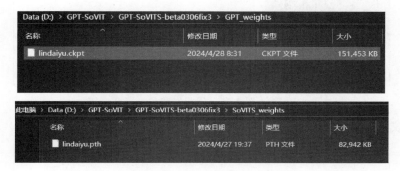

图 7-13　训练好的模型

7.2.2　安装 Anaconda

下载 Anaconda 对应版本,如图 7-14 所示。

图 7-14　Anaconda 版本选择

运行安装包如图 7-15 所示。

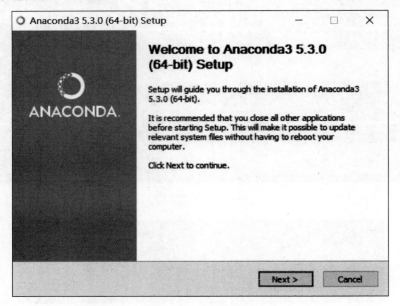

图 7-15　运行安装包

接受协议选项，单击 I Agree 按钮，如图 7-16 所示。

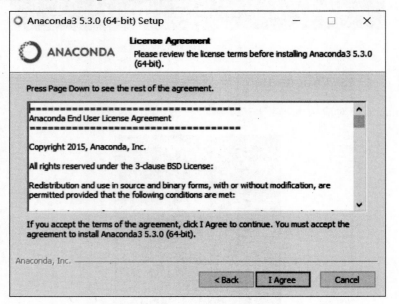

图 7-16　接受协议选项

选择安装类型，如图 7-17 所示。

选择安装路径，如图 7-18 所示。

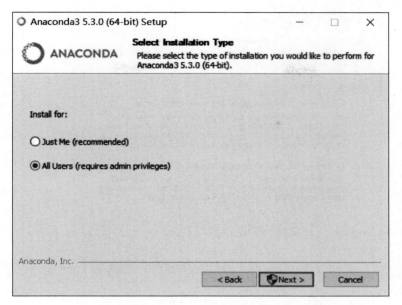

图 7-17　选择安装类型

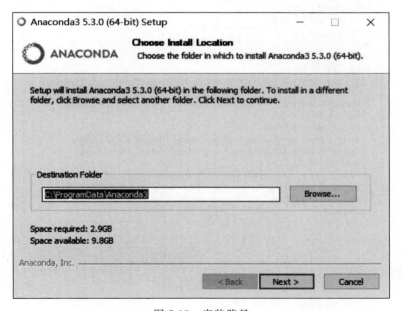

图 7-18　安装路径

高级安装选择如图 7-19 所示。

安装过程如图 7-20 所示。

配置 Path 参见图 2-30~图 2-33。

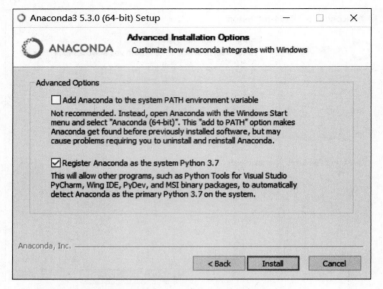

图 7-19　高级安装选择

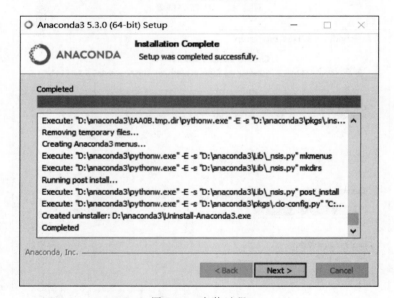

图 7-20　安装过程

7.2.3　环境配置

（1）输入如下命令创建虚拟环境：conda create -n yourenvname python＝3.7.4。

（2）在环境中安装库文件，如图 7-21 所示。

（3）将下载的库及版本保存在 .txt 文件中，如图 7-22 所示。

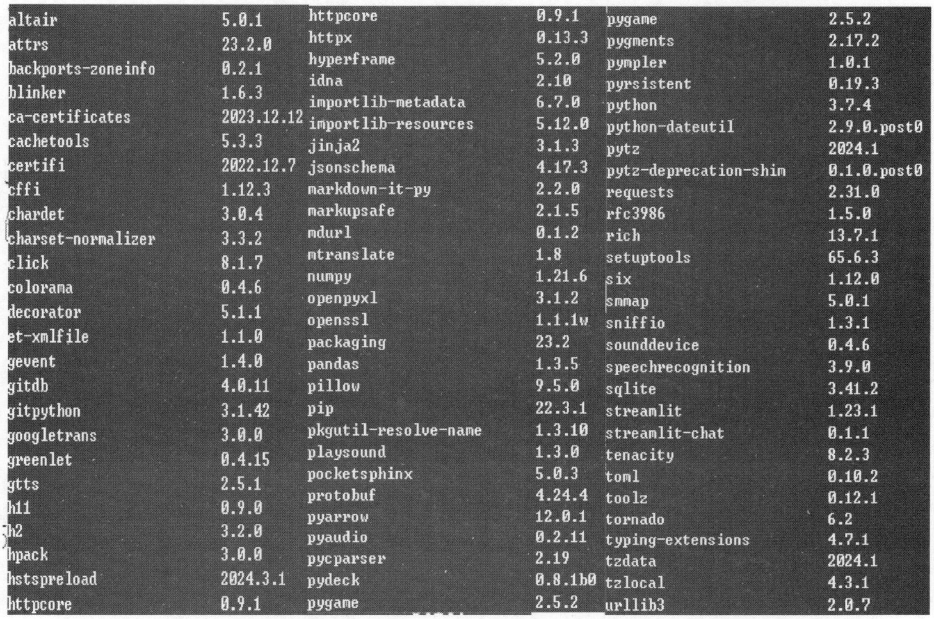

altair	5.0.1	httpcore	0.9.1	pygame	2.5.2
attrs	23.2.0	httpx	0.13.3	pygments	2.17.2
backports-zoneinfo	0.2.1	hyperframe	5.2.0	pympler	1.0.1
blinker	1.6.3	idna	2.10	pyrsistent	0.19.3
ca-certificates	2023.12.12	importlib-metadata	6.7.0	python	3.7.4
cachetools	5.3.3	importlib-resources	5.12.0	python-dateutil	2.9.0.post0
certifi	2022.12.7	jinja2	3.1.3	pytz	2024.1
cffi	1.12.3	jsonschema	4.17.3	pytz-deprecation-shim	0.1.0.post0
chardet	3.0.4	markdown-it-py	2.2.0	requests	2.31.0
charset-normalizer	3.3.2	markupsafe	2.1.5	rfc3986	1.5.0
click	8.1.7	mdurl	0.1.2	rich	13.7.1
colorama	0.4.6	mtranslate	1.8	setuptools	65.6.3
decorator	5.1.1	numpy	1.21.6	six	1.12.0
et-xmlfile	1.1.0	openpyxl	3.1.2	smmap	5.0.1
gevent	1.4.0	openssl	1.1.1w	sniffio	1.3.1
gitdb	4.0.11	packaging	23.2	sounddevice	0.4.6
gitpython	3.1.42	pandas	1.3.5	speechrecognition	3.9.0
googletrans	3.0.0	pillow	9.5.0	sqlite	3.41.2
greenlet	0.4.15	pip	22.3.1	streamlit	1.23.1
gtts	2.5.1	pkgutil-resolve-name	1.3.10	streamlit-chat	0.1.1
h11	0.9.0	playsound	1.3.0	tenacity	8.2.3
h2	3.2.0	pocketsphinx	5.0.3	toml	0.10.2
hpack	3.0.0	protobuf	4.24.4	toolz	0.12.1
hstspreload	2024.3.1	pyarrow	12.0.1	tornado	6.2
httpcore	0.9.1	pyaudio	0.2.11	typing-extensions	4.7.1
		pycparser	2.19	tzdata	2024.1
		pydeck	0.8.1b0	tzlocal	4.3.1
		pygame	2.5.2	urllib3	2.0.7

图 7-21　安装库文件

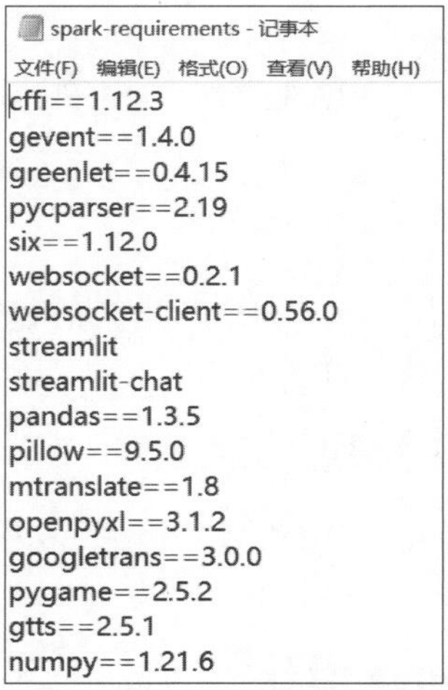

spark-requirements - 记事本

文件(F) 编辑(E) 格式(O) 查看(V) 帮助(H)

```
cffi==1.12.3
gevent==1.4.0
greenlet==0.4.15
pycparser==2.19
six==1.12.0
websocket==0.2.1
websocket-client==0.56.0
streamlit
streamlit-chat
pandas==1.3.5
pillow==9.5.0
mtranslate==1.8
openpyxl==3.1.2
googletrans==3.0.0
pygame==2.5.2
gtts==2.5.1
numpy==1.21.6
```

图 7-22　保存库文件及版本

（4）在终端运行如下命令。

```
pip install -r spark-requirements.txt
pip install SpeechRecognition
conda install -c anaconda pyaudio
pip install playsound
pip install pocketsphinx
```

7.2.4　创建项目

创建项目步骤如下。

（1）在 Python 代码中调用 Streamlit 库，输入 import Streamlit as st。

（2）在项目对应文件夹中打开终端，输入 streamlit run trans.py 命令后启动项目，文件名为 trans。

7.2.5　大模型 API 申请

大模型 API 申请参见 1.1.6 节。

7.3　系统实现

本项目使用 Streamlit 搭建 Web 框架，文件结构如图 7-23 所示。

7.3.1　网页界面

网页界面包括项目名称、语言选择、重置、开始录音、停止录音等。相关代码见"代码文件 7-1"。

7.3.2　main 部分

按下开始录音按键后被调用。实现录音文件的创建、翻译。相关代码见"代码文件 7-2"。

图 7-23　文件结构

7.3.3　其他函数

将选择语言对应的代号作为语音转译和语音生成的参数，调取生成的音频文件，并在播放完成后删除音频。相关代码见"代码文件 7-3"。

7.3.4　speech_accord 模块

完成录音功能，并将录音文件由 .wav 格式转为 .pcm 格式，存入固定的文件位置。相关代码见"代码文件 7-4"。

7.3.5　speech2character 模块

调用语音转译 API，将 .pcm 音频文件转换为对应语言的文本，相关代码见"代码文件 7-5"。

7.3.6　main_translate 模块

调用大模型，按照设定的语言风格对所给语言进行翻译。相关代码见"代码文件 7-6"。

7.3.7　voice_generate 模块

调用大模型语音合成 API，将传入的语言文本转化为音频文件，并根据语言种类选择相应的发音人。相关代码见"代码文件 7-7"。

7.3.8　GPT 模块

调用 GPT-SoVITS 的接口服务，通过训练好的模型生成音频。相关代码见"代码文件 7-8"。

7.4　功能测试

本部分包括启动项目、发送问题及响应。

7.4.1　启动项目

（1）启动 GPT-SoVITS 接口服务，如图 7-24 所示；启动接口服务文件如图 7-25 所示。

图 7-24　启动 GPT-SoVITS 接口服务

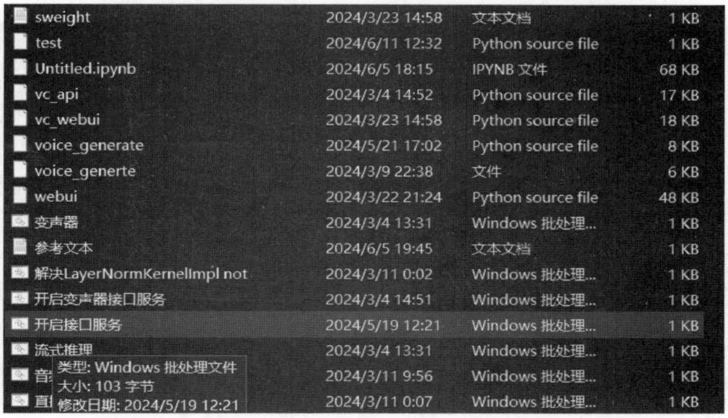

图 7-25　启动接口服务文件

（2）进入项目文件夹：cd translate_in_my_style。

（3）进入虚拟环境：activate yourenvname。

（4）运行项目程序：streamlit run app. py。

（5）终端启动结果如图 7-26 所示，语言翻译器如图 7-27 所示。

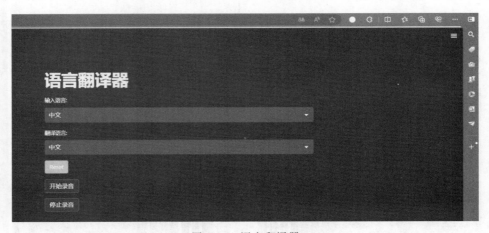

图 7-26　终端启动结果

图 7-27　语言翻译器

7.4.2　发送问题及响应

按住"开始录音"按钮进行音频输入，如图 7-28 所示。

图 7-28　音频输入

输入语音,以英文 What can I say 为例,请求处理过程如图 7-29 所示。

图 7-29　请求处理过程

将音频文件转换成文本(终端信息),如图 7-30 所示。

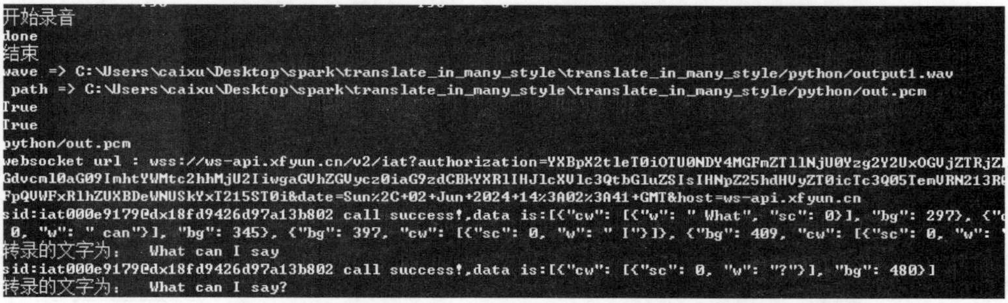

图 7-30　后台音频转文本信息

将文本特色化,如图 7-31 所示。

图 7-31　文本特色化

项目 8

音 乐 创 作

本项目基于 HTML 结构内容,使用 CSS 进行样式设计,引用 JavaScript 建立数据逻辑与交互,根据讯飞星火认知大模型 v1.5,调用开放的 API,实现音乐创作。

8.1 总体设计

本部分包括整体框架和系统流程。

8.1.1 整体框架

整体框架如图 8-1 所示。

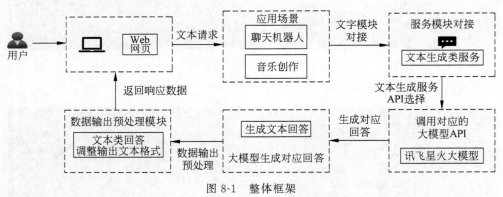

图 8-1　整体框架

8.1.2 系统流程

系统流程如图 8-2 所示。

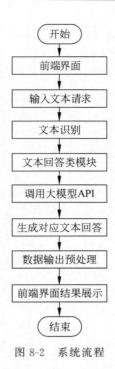

图 8-2 系统流程

8.2 开发环境

本节介绍 Node.js 的安装过程,给出环境配置、创建项目及大模型 API 的申请步骤。

8.2.1 安装 Node.js

安装 Node.js 参见 1.2.1 节。

8.2.2 环境配置

环境配置参见 1.2.4 节。相关代码见"代码文件 8-1"。

8.2.3 创建项目

创建项目步骤如下。

(1) 启动 VCS:在 Visual Studio Code 中按下 Ctrl+反引号键,打开终端。

(2) 创建项目文件夹:在终端中输入 mkdir demo 命令。

(3) 进入项目文件夹:cd demo。

(4) 初始化 npm 项目:npm init -y。

(5) 安装大模型依赖:npm install xinghuo-sdk。

8.2.4 大模型 API 申请

大模型 API 申请参见 1.2.6 节。

8.3 系统实现

本项目使用 VS Code 搭建 Web 框架,文件结构如图 8-3 所示。

8.3.1 index.html

设置字符编码、界面自适应设备宽度、浏览器兼容性的相关代码见"代码文件 8-2"。

8.3.2 index.css

设置输入框和按钮样式的相关代码见"代码文件 8-3"。

8.3.3 index.js

通过 Promise 封装异步操作,将授权信息添加到 URL 中,获取 WebSocket URL 和模型的域名。相关代码见"代码文件 8-4"。

8.3.4 base64.js

将字符串转换为 Base64 格式并处理 Unicode 字符。同时,提供 NoConflict 函数,用于解决与其他库的冲突问题。相关代码见"代码文件 8-5"。

8.3.5 download.js

图 8-3 文件结构

通过 download.js 将音频数据编码为 .WAV 格式且有下载的功能。其中:WriteString 函数用于将字符串写入 DataView 对象中;EncodeWAV 函数用于生成 .WAV 文件头和数据部分;DownloadWAV 函数用于将生成的 .WAV 数据转换为 Blob 对象并下载。相关代码见"代码文件 8-6"。

8.3.6 transcode.worker.js

transcode.worker.js 是自执行函数,用于处理音频数据。它包含名为 transcode 的对象,该对象包括 transToAudioData、transSamplingRate、transS16ToF32 和 base64ToS16 方法,它们分别用于将音频数据转换为其他格式、改变采样率、将 16 位整数数组转换为 32 位浮点数数组、将 Base64 编码的音频数据转换为 16 位整数数组。相关代码见"代码文件 8-7"。

8.4 功能测试

本部分包括启动项目、发送问题及响应。

8.4.1 启动项目

（1）进入项目文件夹：demo。

（2）运行项目程序：npm run dev。

（3）单击终端中显示的网址 URL，进入网页。

（4）终端启动结果如图 8-4 所示，聊天窗口如图 8-5 所示。

```
D:\demo>npm run dev

> 8@1.0.0 dev
> cross-env NODE_ENV=development webpack-dev-server --hot  --config build/webpack.config.js

×「wds」: Error: listen EADDRINUSE: address already in use 0.0.0.0:8080
    at Server.setupListenHandle [as _listen2] (node:net:1817:16)
    at listenInCluster (node:net:1865:12)
    at doListen (node:net:2014:7)
    at process.processTicksAndRejections (node:internal/process/task_queues:83:21) {
  code: 'EADDRINUSE',
  errno: -4091,
  syscall: 'listen',
  address: '0.0.0.0',
  port: 8080
}
```

图 8-4 终端启动结果

音乐星火大模型3.5 DEMO

> 我想写一段愉快的曲子，你能推荐我适合的大调以及乐器吗？

立即提问

图 8-5 聊天窗口

8.4.2 发送问题及响应

向大模型提问："我想写一段愉快的曲子，你能推荐我适合的大调以及乐器吗？"如图 8-6 所示。

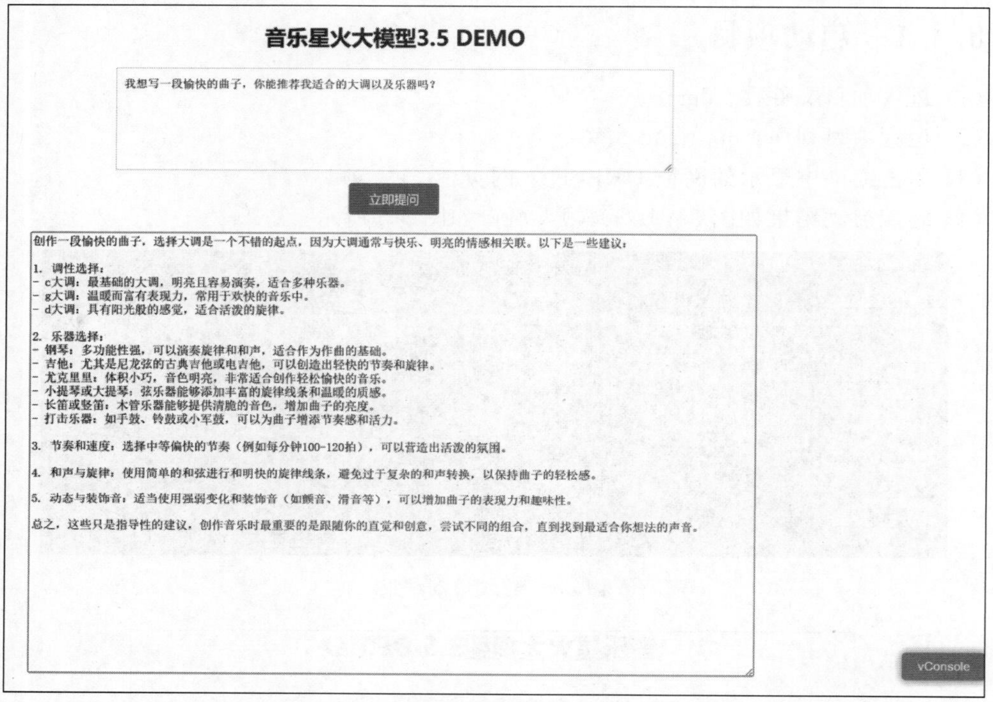

图 8-6 发送问题及响应

项目 9

记 账 顾 问

本项目基于 HTML 结构内容,使用 CSS 进行样式设计,引用 JavaScript 建立数据逻辑与交互,根据讯飞星火认知大模型 v3.5,调用开放的 API,实现记账问答。

9.1 总体设计

本部分包括整体框架和系统流程。

9.1.1 整体框架

整体框架如图 9-1 所示。

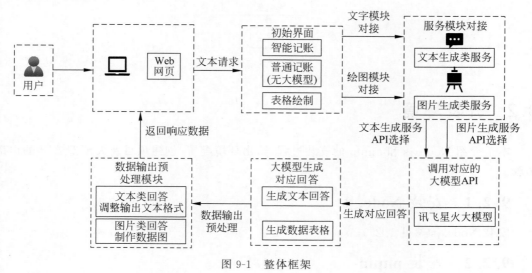

图 9-1 整体框架

9.1.2 系统流程

系统流程如图 9-2 所示。

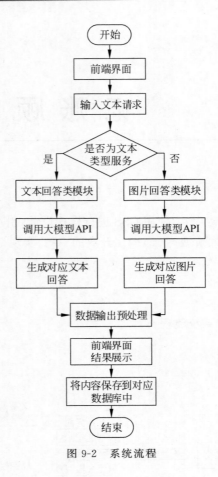

图 9-2 系统流程

9.2 开发环境

本节介绍 Node.js 和 pnpm 的安装过程,给出环境配置、创建项目及大模型 API 的申请步骤。

9.2.1 安装 Node.js

安装 Node.js 参见 1.2.1 节。

9.2.2 安装 pnpm

安装 pnpm 参见 1.2.3 节。

9.2.3 环境配置

环境配置参见 1.2.4 节。

package.json 的文件内容如下。

```
"name" : xinghuo ,
"private" : true,
"version": "0.0.0",
"type": "module" ,
"scripts": {
"dev": "vite",
"build": "vite build",
"preview" : "vite preview"
},
"devDependencies": {
"vite": " ^4.4.5"
},
"dependencies":{
"base − 64": " ^1.0.0",
"crypto − js": " ^4.1.1",
"fast − xml − parser":" ^4.2.6"
"utf8": " ^3.0.0"
```

运行 pnpm install 命令,安装后显示如图 9-3 所示。

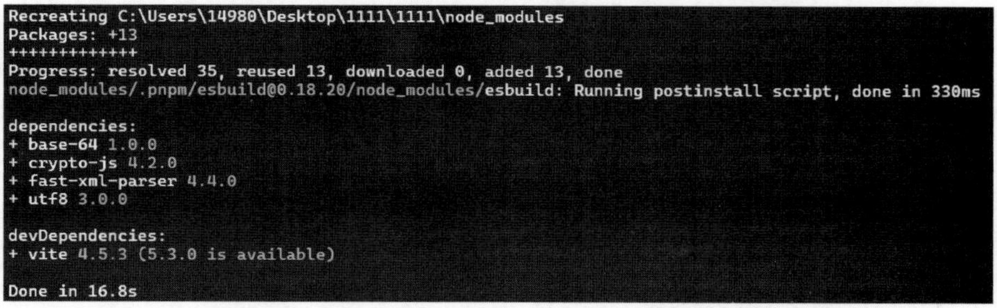

```
Recreating C:\Users\14980\Desktop\1111\1111\node_modules
Packages: +13
+++++++++++++
Progress: resolved 35, reused 13, downloaded 0, added 13, done
node_modules/.pnpm/esbuild@0.18.20/node_modules/esbuild: Running postinstall script, done in 330ms

dependencies:
+ base-64 1.0.0
+ crypto-js 4.2.0
+ fast-xml-parser 4.4.0
+ utf8 3.0.0

devDependencies:
+ vite 4.5.3 (5.3.0 is available)

Done in 16.8s
```

图 9-3　运行 pnpm install

9.2.4　创建项目

创建项目步骤如下。

(1) 新建项目文件夹,进入文件夹后打开命令提示符 cmd,使用 pnpm create vite 创建项目。

(2) 输入项目名称,默认是 vite-project,本项目名称为 xinghuo-main。然后选择项目框架、VUE 及 JavaScript 语言。

```
① Project name: ... xinghuo-main
② Select a framework: » Vue
③ Select a variant: » JavaScript
④ Scaffolding project in C:\Users\14980\Desktop\1111\1111...
```

（3）按照提示的命令运行即可启动项目。

```
cd xinghuo - main
pnpm install
pnpm run dev
```

（4）初始界面如图 1-22 所示。

9.2.5　大模型 API 申请

大模型 API 申请参见 1.2.6 节。

9.3　系统实现

本项目使用 Vite 搭建 Web 框架，文件结构如图 9-4 所示。

图 9-4　文件结构

9.3.1　头部< head >

定义文档字符和设置网页样式的相关代码见"代码文件 9-1"。

9.3.2　样式< style >

定义网页样式的相关代码见"代码文件 9-2"。

9.3.3　主体< body >

与大模型进行通信的相关代码见"代码文件 9-3"。

9.3.4　main. js 脚本

设置变量的相关代码见"代码文件 9-4"。请求参数详情可参考讯飞开放平台文档中心，如图 9-5 所示。

图 9-5 请求参数详情

9.4 功能测试

本部分包括启动项目、发送问题及响应。

9.4.1 启动项目

(1) 进入项目文件夹: cd 1111。

(2) 运行项目程序: pnpm run dev。

(3) 单击终端中显示的网址 URL,进入网页。

(4) 终端启动结果如图 9-6 所示,聊天窗口如图 9-7 所示。

```
→ Local:    http://localhost:5173/
→ Network: use --host to expose
→ press h to show help
```

图 9-6 终端启动结果

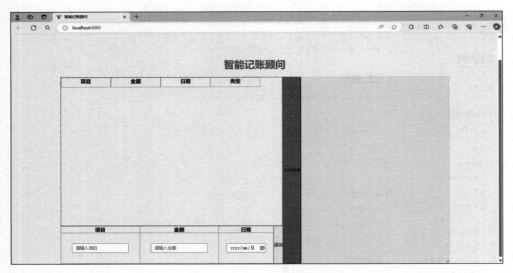

图 9-7　聊天窗口

9.4.2　发送问题及响应

向大模型提问：提交之前的消费记录并收到回答，如图 9-8 所示。

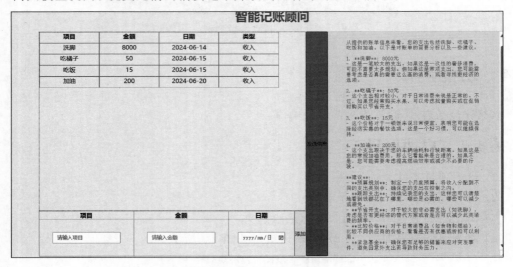

图 9-8　发送问题及响应

节 日 祝 福

本项目基于微信样式表(WeiXin Style Sheets)进行设计,引用 JavaScript 建立数据逻辑与交互,根据讯飞星火认知大模型 Spark3.5 Max,调用开放的 API,获取节日祝福语。

10.1 总体设计

本部分包括整体框架和系统流程。

10.1.1 整体框架

整体框架如图 10-1 所示。

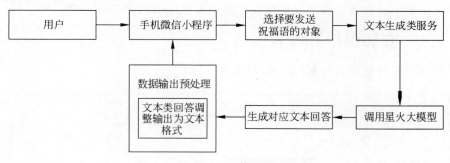

图 10-1 整体框架

10.1.2 系统流程

系统流程如图 10-2 所示。

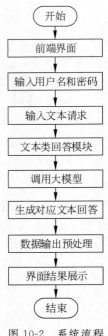

图 10-2　系统流程

10.2　开发环境

本节介绍微信开发者工具的安装过程并给出大模型 API 的申请步骤。

10.2.1　安装微信开发者工具

安装微信开发者官网首页如图 10-3 所示。

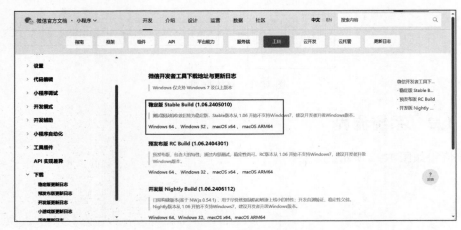

图 10-3　微信开发者官网首页

下载 Windows 64 最新版本,如图 10-4 所示。

图 10-4 下载 Windows 64 最新版本

同意协定,单击"我接受"按钮,如图 10-5 所示。

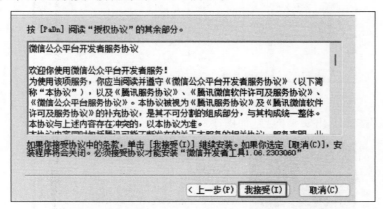

图 10-5 同意协定

微信开发者工具默认安装目录为 f:\Program Files(x86)\Tencent\微信 Web 开发者工具,也可以修改目录,如图 10-6 所示。

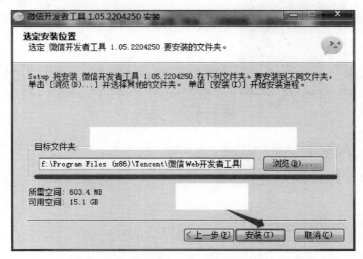

图 10-6 安装目录

安装过程如图 10-7 所示。

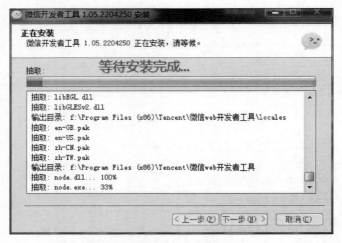

图 10-7 安装过程

单击"完成"按钮退出安装向导，如图 10-8 所示。

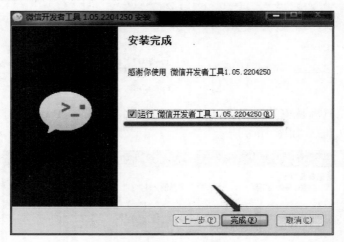

图 10-8 安装完成

10.2.2 大模型 API 申请

大模型 API 申请参见 1.2.6 节。

10.3 系统实现

本项目使用微信开发者工具创建项目，文件结构如图 10-9 所示。
界面间逻辑关系如图 10-10 所示。

图 10-9　文件结构

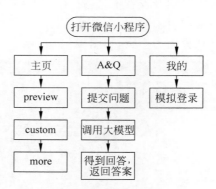

图 10-10　界面间逻辑关系

10.3.1　主页界面 create. wxml

create. wxml 负责处理界面的初始化和用户交互,包括填写名称、选择关系及提交表单后生成信息。同时,它也组织和管理头像选项的显示和交互。相关代码见"代码文件 10-1"。

10.3.2　create. js

全局变量和界面配置的相关代码见"代码文件 10-2"。

10.3.3　A&Q 界面

(1) 定义输入、提交问题、显示结果的相关代码见"代码文件 10-3"。

(2) 使用 WebSocket 与 API 进行通信。用户输入问题后,程序通过 WebSocket 向 API 发送请求并接收回答。请求参数如图 9-5 所示。

10.3.4　App. js

定义全局变量对象_globalData 和 App 实例的初始化与全局数据管理方法,通过这些方法,在不同界面之间操作用户信息、目标用户名和祝福内容等数据,确保在应用中可以灵活管理和使用全局变量。相关代码见"代码文件 10-4"。

10.4　功能测试

本部分包括启动项目、发送问题及响应。

10.4.1　启动项目

（1）进入微信开发者工具，打开文件夹：App 修改版。

（2）编译项目程序。

（3）默认界面为主页，如图 10-11 所示。

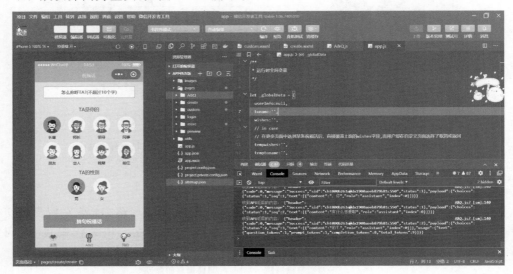

图 10-11　默认界面

（4）单击 Tabbar 中的 A&Q 选项，跳转界面，如图 10-12 所示。

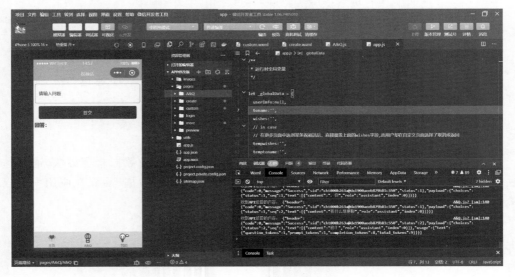

图 10-12　跳转界面

（5）输入问题后单击"提交"按钮，调用 API 获得回答，如图 10-13 所示。

10.4.2　发送问题及响应

向大模型提问："端午节给母亲送祝福语"单击"提交"按钮后收到的答案显示在文本框内，如图 10-13 所示。

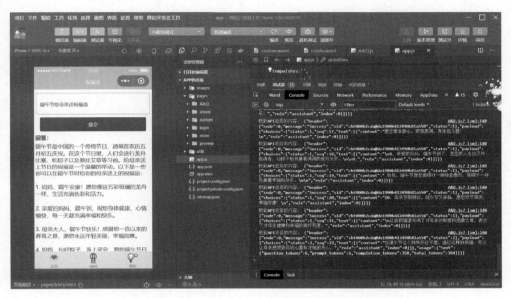

图 10-13　发送问题及响应

项目 11

畅游山海经

本项目基于微信小程序开发工具，使用 WXML 进行样式设计，引用 JavaScript 建立数据逻辑与交互，调用开放的 API，实现山海经的问答功能。

11.1　总体设计

本部分包括整体框架和系统流程。

11.1.1　整体框架

整体框架如图 11-1 所示。

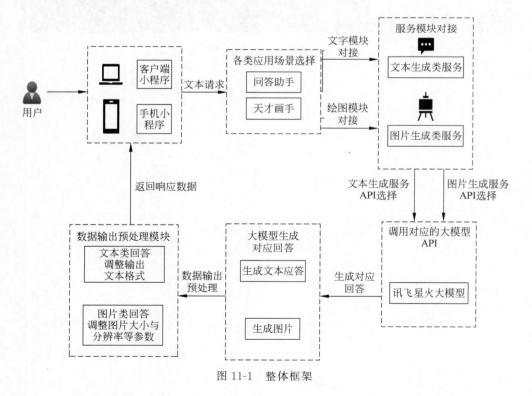

图 11-1　整体框架

11.1.2 系统流程

系统流程如图 11-2 所示。

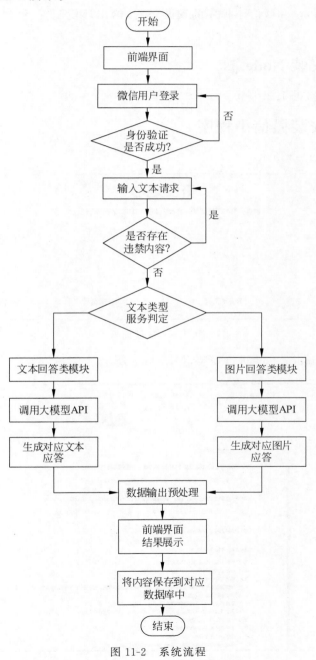

图 11-2 系统流程

11.2　开发环境

本节介绍 Node.js 和微信小程序的安装过程，给出环境配置、创建项目及大模型 API 的申请步骤。

11.2.1　安装 Node.js

安装 Node.js 参见 1.2.1 节。

11.2.2　安装微信小程序

安装向导如图 11-3 所示。

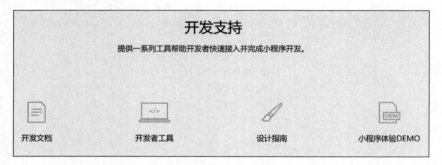

图 11-3　安装向导

选择稳定版 Windows 64 进行安装，如图 11-4 所示。

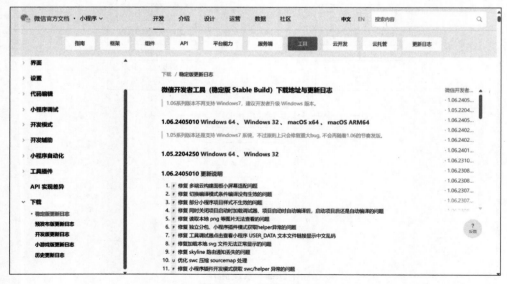

图 11-4　选择版本

在微信公众平台官网首页单击"立即注册",如图 11-5 所示。

图 11-5　注册向导

选择注册的账号类型,如图 11-6 所示。

图 11-6　选择注册的账号类型

填写公众平台、开放平台、企业号、绑定个人微信号的邮箱,如图 11-7 所示。

登录邮箱,查收激活邮件,单击激活链接,继续下一步的注册流程,主体类型选择个人,如图 11-8 所示。

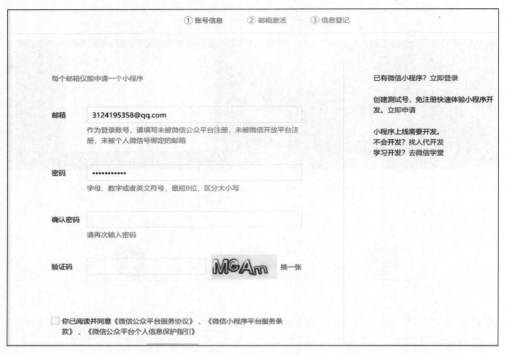

图 11-7　安装向导

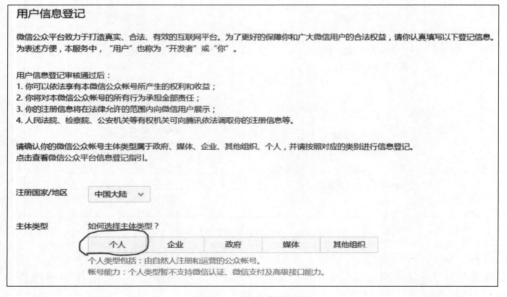

图 11-8　用户信息登记

　　填写真实的姓名和身份证号码,获取短信验证码,使用微信扫描二维码,在微信中授权,该微信号将成为管理员微信号,如图 11-9 所示。

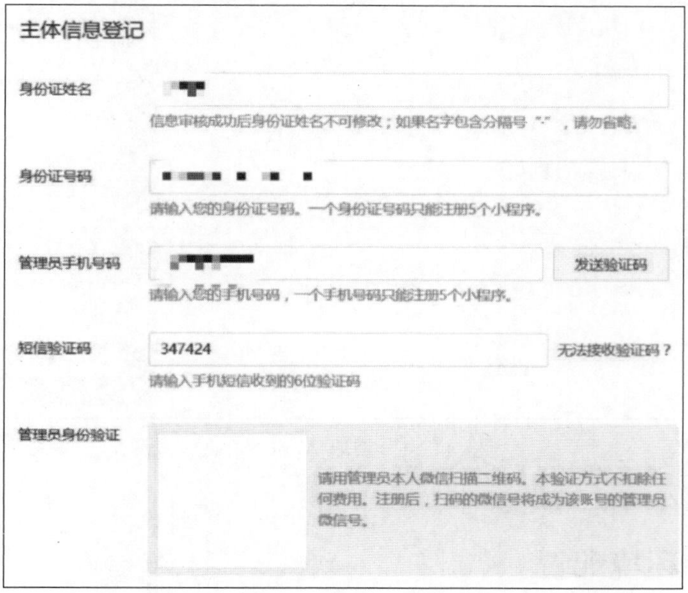

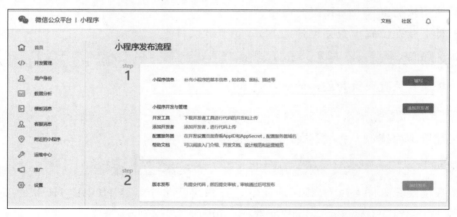

图 11-9　主体信息登记

填写完毕,前往小程序完善信息,如图 11-10 所示。

图 11-10　完善信息

　　根据提示填写小程序名称,提交后可在设置→基本设置中查看信息。

　　(1) 获取 AppID。

　　进入开发→开发设置,获取 AppID 信息,如图 11-11 所示。

　　(2) 配置服务器信息。单击“开始配置”按钮,用微信扫描二维码进行身份确认。小程序规定只能访问配置过的域名,在服务器信息中添加需要访问的域名。

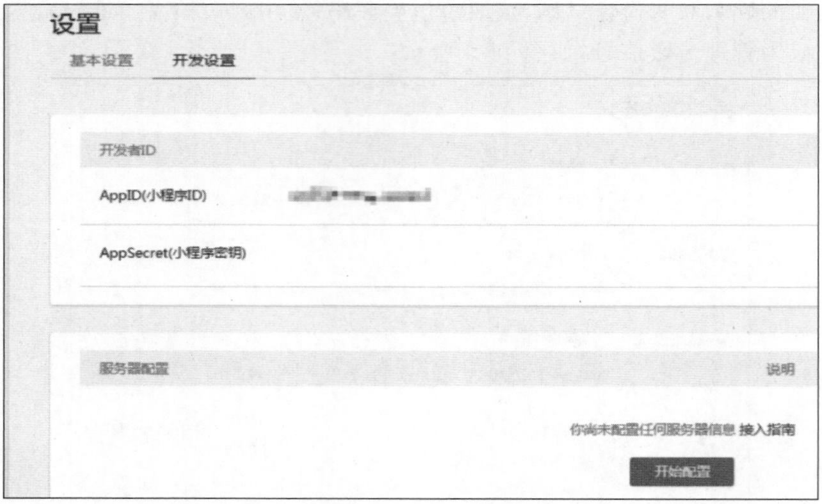

图 11-11 获取 AppID 信息

（3）单击"保存"按钮并提交。

11.2.3 环境配置

系统默认配置在 C:\Users\用户名\AppData\Roaming\npm 中。

（1）找到下载 Node.js 的位置，创建 node_cache 和 node_global 文件夹。

（2）使用快捷键 Win＋R 打开命令行。

（3）将下载库位置设置为创建的 node_global 文件夹。

```
npm config set prefix "D:\nodejs\node_global"
```

（4）将缓存位置设置为创建的 node_cache 文件夹。

```
npm config set cache "D:\ nodejs\node_cache"
```

（5）配置国内镜像。查看、修改淘宝镜像如下：

```
npm config set registry https://registry.npm.taobao.org
```

（6）环境配置如图 2-30～图 2-33 所示。在系统变量中新建 NODE_HOME，变量值的安装路径为 D:\nodejs\node_global\node_modules。

（7）在系统变量的 path 中添加如下内容。

```
% NODE_HOME %
% NODE_HOME % \node_global
% NODE_HOME % \node_cache
```

（8）将 C:\Users\用户名\AppData\Roaming\npm 默认变量改成 D:\nodejs\node_global。

11.2.4　创建项目

创建项目步骤如下。

（1）登录：开发者工具安装完成后，打开并使用微信扫码登录，选择小程序项目。

（2）选择创建项目：项目目录选择任意路径下的一个空文件夹（例如，在 D:\微信开发者工具\目录下新建一个文件夹，命名为"畅游山海经"）。

（3）AppID：在小程序注册中填写 AppID。

（4）取消 HTTPS 验证：在开发时，为了便于调试，需要访问没有在微信公众平台配置过的域名，单击开发者工具详情，勾选不校验安全域名、TLS 版本以及 HTTPS 证书选项。

11.2.5　大模型 API 申请

大模型 API 申请参见 1.2.6 节。

11.3　系统实现

本项目使用微信小程序创建项目，文件结构如图 11-12 所示。

11.3.1　登录界面

获取用户数据进行登录，如图 11-13 所示。相关代码见"代码文件 11-1"。

图 11-12　文件结构　　　　　　　　　图 11-13　登录界面

11.3.2　catalog 界面

山海经目录信息存储在 data 文件中，在单击某卷时能够跳转到相应的界面，如图 11-14 所示。相关代码见"代码文件 11-2"。

11.3.3　question 界面

通过生成大模型鉴权，使用 Webstocked 进行连接，以达到调用大模型 API 的目的，提问界面如图 11-15 所示。相关代码见"代码文件 11-3"。

图 11-14　山海经目录

图 11-15　提问界面

11.3.4　gallery 界面

设置四个按钮的绑定事件函数，单击相应按钮可跳转到不同界面，展示山海经的神话故事，让用户更加生动地了解山海经文化，如图 11-16 所示。相关代码见"代码文件 11-4"。

图 11-16 山海经展馆

11.4 功能测试

本部分包括启动项目、发送问题及应答。

11.4.1 启动项目

（1）打开微信小程序。

（2）运行项目程序：畅游山海经。

（3）单击"编译"。

11.4.2 发送问题及响应

向大模型提问：你知道山海经吗？单击"发送"按钮后，收到的答案显示在上方的文本框内,如图 11-17 所示。

图 11-17　发送问题及应答

项目 12

智 能 客 服

本项目基于 PHP 语言搭建后端,完成与大模型的接入,使用 HTML 搭建前端,通过 MySQL 数据库中的 Navicat 连接前端网页,实时存储数据的变化信息,引用 JavaScript 建立数据逻辑与交互,根据讯飞星火认知大模型 v3.5,调用开放的 API,实现智能客服问答。

12.1　总体设计

本部分包括整体框架和系统流程。

12.1.1　整体框架

整体框架如图 12-1 所示。

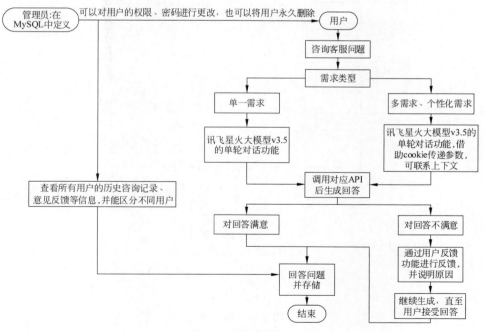

图 12-1　整体框架

12.1.2 系统流程

用户流程如图 12-2 所示。

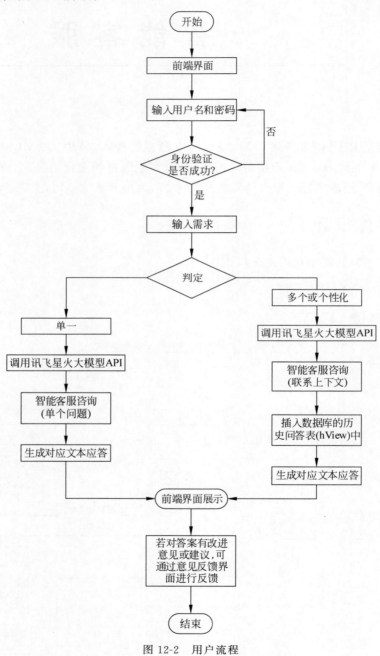

图 12-2 用户流程

管理员流程如图 12-3 所示。

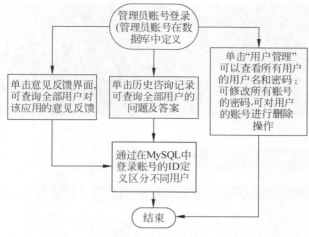

图 12-3　管理员流程

12.2　开发环境

本节介绍 XAMPP、MySQL、SQLite 和 port 的安装过程，给出环境配置、创建项目及大模型 API 的申请步骤。

12.2.1　安装 XAMPP

选择 XAMPP Windows 版本，如图 12-4 所示。

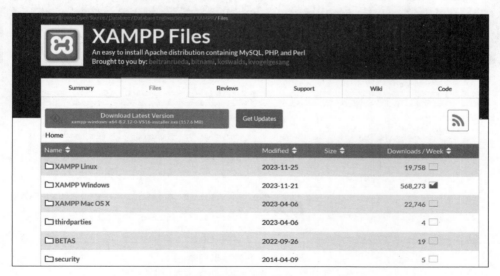

图 12-4　选择 XAMPP Windows 版本

选择软件版本,如图 12-5 所示。

图 12-5　选择软件版本

下载标识版本,如图 12-6 所示。

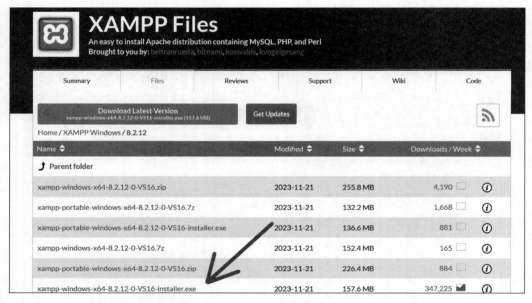

图 12-6　下载标识版本

选择选项,如图 12-7 所示。

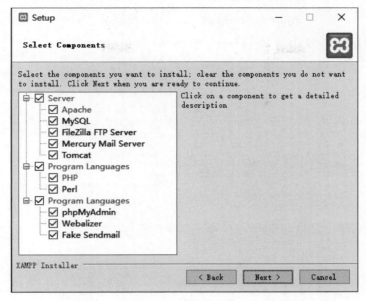

图 12-7 选择选项

选择安装路径,如图 12-8 所示。

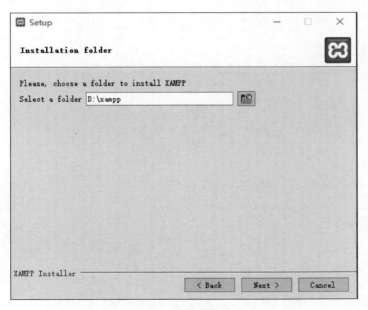

图 12-8 选择安装路径

安装完成后,会出现端口冲突,如图 12-9 所示。

打开 httpd.conf 文件进行修改,如图 12-10 所示。

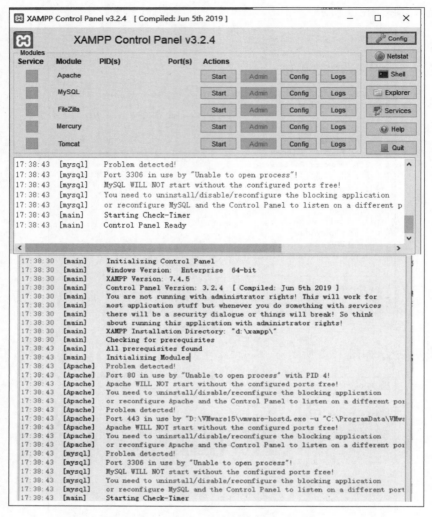

图 12-9　端口冲突

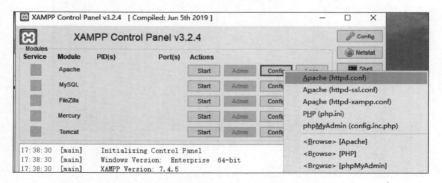

图 12-10　打开 httpd.conf 文件

修改 Apache 端口号,如果不修改会与默认的 80 端口产生冲突,导致无法正常打开,如图 12-11 所示。

图 12-11　修改 Apache 端口号

打开 httpd-ssl.conf 文件进行修改,如图 12-12 所示,修改后如图 12-13 所示。

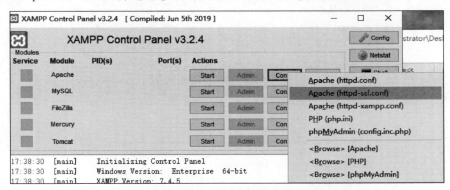

图 12-12　打开 httpd-ssl.conf 文件

12.2.2　配置 MySQL

打开 my.ini 文件,修改内容如图 12-14 和图 12-15 所示。

12.2.3　配置 Service 和 port

单击 Admin 按钮,修改设置,如图 12-16 所示,修改后的对应端口号如图 12-17 所示。保存时可能会提示"拒绝访问",如图 12-18 所示。

图 12-13　修改为 4431

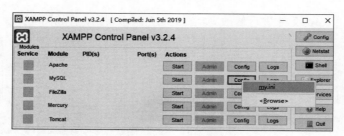

图 12-14　打开 my.ini 文件

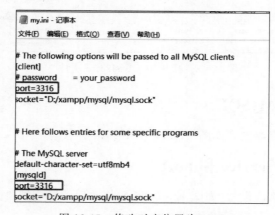

图 12-15　修改对应位置为 3316

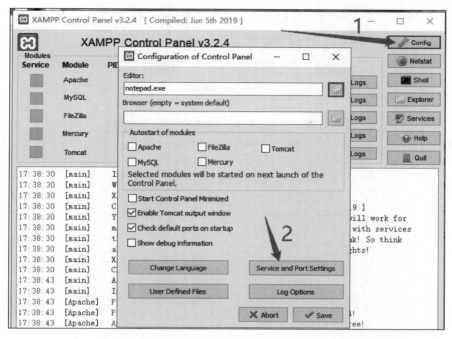

图 12-16　修改设置

图 12-17　修改端口号

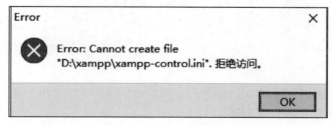

图 12-18　访问被拒绝

如果显示权限不够,使用管理员的身份打开修改权限即可,如图 12-19 所示。

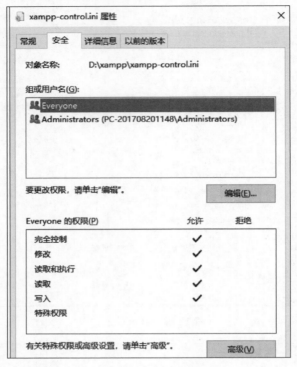

图 12-19　修改权限

12.2.4　测试验证

启动 Apache 和 MySQL,如图 12-20 所示。

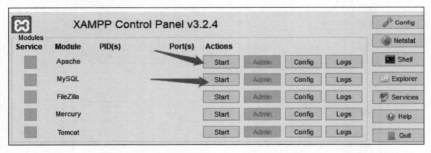

图 12-20　启动 Apache 和 MySQL

测试 Apache,如图 12-21 所示。

完成 Apache 配置,如图 12-22 所示。

测试 MySQL,如图 12-23 所示。

报错信息如图 12-24 所示。

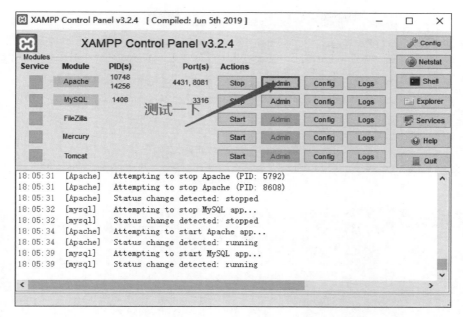

图 12-21 测试 Apache

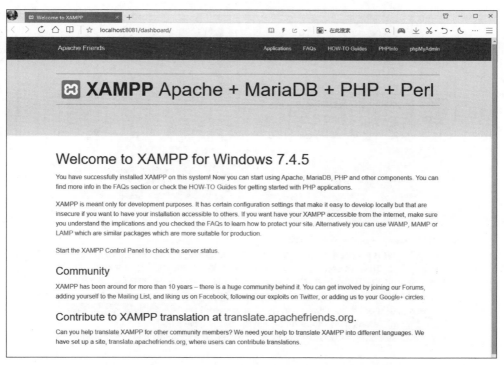

图 12-22 Apache 配置完成

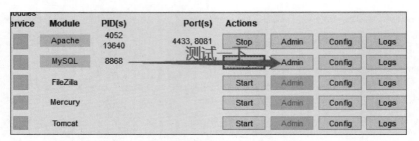

图 12-23　测试 MySQL

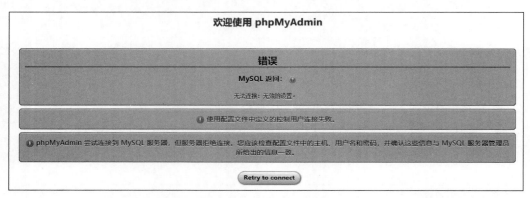

图 12-24　报错信息(1)

在 config.inc.php 文件中保存 \$cfg['Servers']['\$i']['port'] = 'MySQL 端口号'，如图 12-25 所示。

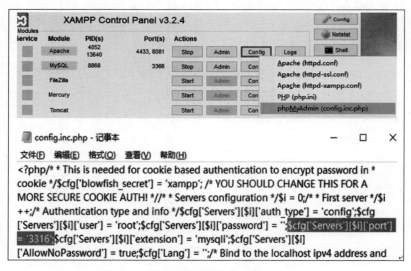

图 12-25　添加端口号

安装成功如图 12-26 所示。

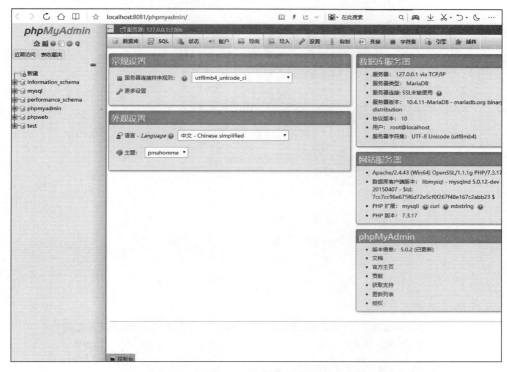

图 12-26　安装成功

12.2.5　修改密码

设置密码如图 12-27 所示；修改密码如图 12-28 所示。

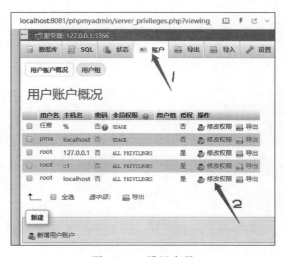

图 12-27　设置密码

数据库
SQL
状态
账户
导出
导入
设置
全局
数据库
修改密码
登录信息
修改权限： 用户账户
3
注意：您正在尝试修改您正在使用的账号的权限。
修改密码
无密码
4 输入密码
输入：
Strength:
极弱
密码：
重新输入：
5
密码加密方式：
MySQL自带身份验证
生成密码
生成

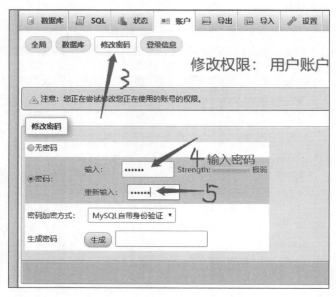

图 12-28　修改密码

修改成功如图 12-29 所示。

数据库
SQL
状态
账户
导出
导入
设置
复制
'root'@'localhost' 的密码已修改。
全局
数据库
修改密码
登录信息
修改权限： 用户账户 'root

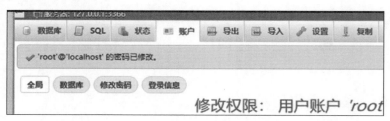

图 12-29　修改成功

如果再操作其他任务，会出现报错信息，如图 12-30 所示；修改详情如图 12-31 所示。

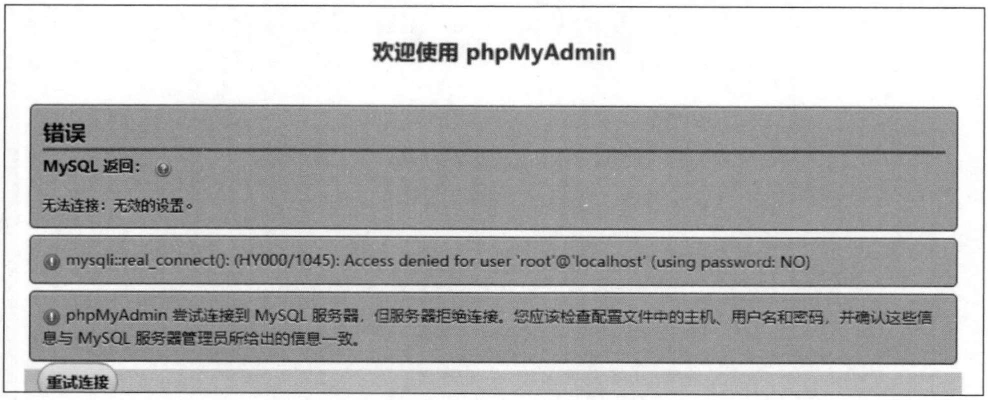

欢迎使用 phpMyAdmin
错误
MySQL 返回：
无法连接：无效的设置。
mysqli::real_connect(): (HY000/1045): Access denied for user 'root'@'localhost' (using password: NO)
phpMyAdmin 尝试连接到 MySQL 服务器，但服务器拒绝连接。您应该检查配置文件中的主机、用户名和密码，并确认这些信息与 MySQL 服务器管理员所给出的信息一致。
重试连接

图 12-30　报错信息(2)

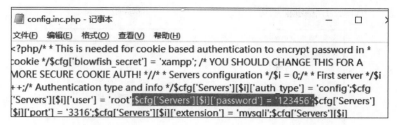

图 12-31　修改详情

12.2.6　安装 Navicat

安装 Navicat 软件，如图 12-32 所示。

图 12-32　安装 Navicat 软件

勾选"我同意"单选按钮，单击"下一步"按钮，如图 12-33 所示。

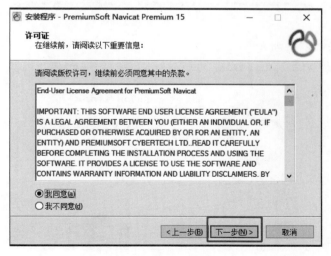

图 12-33　选择选项

选择安装目录,如图 12-34 所示。

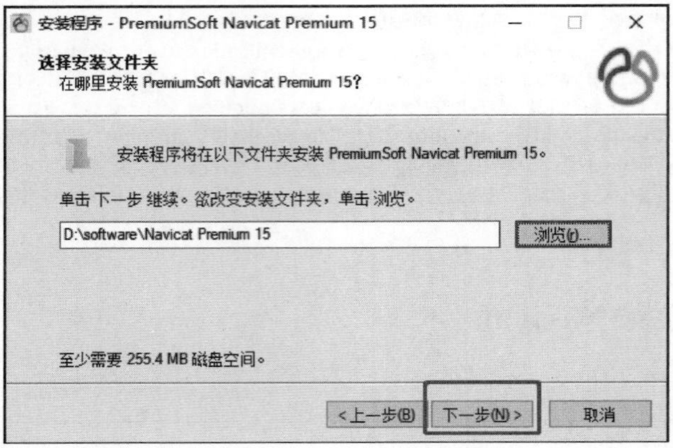

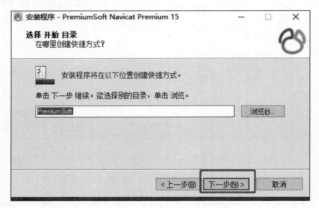

图 12-34　选择安装目录

创建快捷方式,如图 12-35 所示。

图 12-35　创建快捷方式

安装成功如图 12-36 所示。

图 12-36　安装成功

12.2.7   搭建 PHP 环境

在命令行中通过输入 php -v,查看是否有 PHP 环境,如图 12-37 所示。

图 12-37   查询 PHP 环境

12.2.8   大模型 API 申请

大模型 API 申请参见 1.2.6 节。

12.3   系统实现

本项目使用 Vite 搭建 Web 框架,文件结构如图 12-38 所示。

图 12-38   文件结构

12.3.1   bot. html

在线聊天机器人界面和用户消息框的相关代码见"代码文件 12-1"。

12.3.2   choose. php

根据用户名显示欢迎消息,并提供多个服务链接供用户选择。相关代码见"代码文件 12-2"。

12.3.3   composer. json

指定 Textalk WebSocket 库及其版本的相关代码见"代码文件 12-3"。

12.3.4   composer. lock

依赖包相关代码见"代码文件 12-4"。

12.3.5   dUser. php

接收用户 ID,并通过 SQLite 删除相应的用户数据。如果删除成功,将弹出一个消息框提示用户数据删除成功;如果删除失败,则输出一条错误消息并终止脚本。相关代码见"代码文件 12-5"。

12.3.6 feedback.php

根据用户权限显示不同的意见反馈。如果是普通用户,显示一个表单以提交反馈意见;如果是管理员用户,显示所有用户的反馈意见列表。相关代码见"代码文件12-6"。

12.3.7 feedbackS.php

接收用户通过 POST 方法提交反馈意见,并将其插入 SQLite 数据库中的 uFeedback 列表中。如果插入操作成功,会弹出一个提示框告知用户反馈成功;如果插入操作失败,则会终止脚本并显示错误信息。相关代码见"代码文件12-7"。

12.3.8 hV.php

通过用户名查询 ID,根据 ID 查询 hView 列表中的历史问答记录,并将查询结果以表格形式显示出来。相关代码见"代码文件12-8"。

12.3.9 iC.db(数据库文件)

数据库文件实时存储密码、账号、用户的历史问答记录以及意见反馈等信息。用户历史问答如图 12-39 所示;用户反馈意见如图 12-40 所示;管理员及用户账号密码如图 12-41 所示。

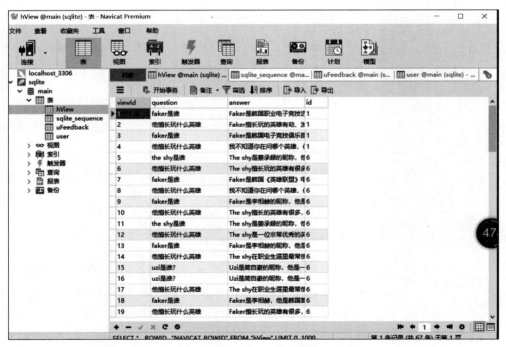

图 12-39 用户历史问答

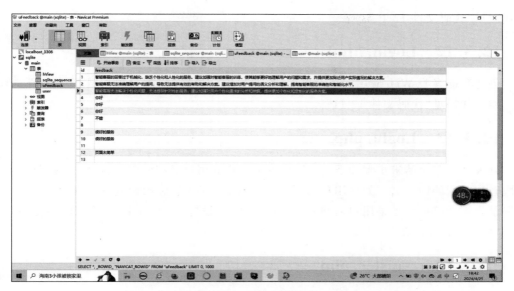

图 12-40　用户反馈意见

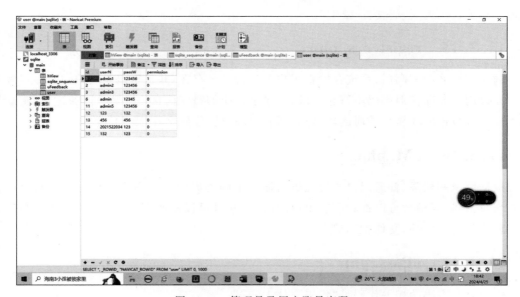

图 12-41　管理员及用户账号密码

12.3.10　iC.php

用户输入问题及显示答案的相关代码见"代码文件12-9"。

12.3.11　iCM.php

创建一个智能客服问答界面,用户输入问题并提交,界面会显示之前上下文的答案。相关代码见"代码文件 12-10"。

12.3.12　Login. html

创建智能客服 Web 应用的登录界面,界面提供一个链接,用户单击链接跳转到注册界面。相关代码见"代码文件 12-11"。

12.3.13　Login. php

处理用户登录请求步骤如下:一是从表单中获取用户名和密码,二是链接到 SQLite 数据库查找匹配的用户名。如果用户名不存在或密码不匹配,显示相应的错误信息并提供返回登录界面的链接。如果用户名和密码匹配成功,则设置一个 Cookie 存储用户名。相关代码见"代码文件 12-12"。

12.3.14　register. php

用户在注册界面输入用户名和密码,提交表单后,将信息发送到 register_s. php 中进行处理。相关代码见"代码文件 12-13"。

12.3.15　register_s. php

输入用户名和密码后,系统会检查用户名是否已经存在,并且密码是否只包含字母和数字。如果用户名存在但密码不符合要求,会显示相应的错误信息;如果验证通过,则将新用户信息插入数据库并显示注册成功消息。相关代码见"代码文件 12-14"。

12.3.16　uM. php

根据用户的权限(普通用户或管理员),显示不同的界面。普通用户只能查看自己的信息并修改密码,管理员可以查看所有用户的信息,并且可以修改用户权限、密码或者删除用户。相关代码见"代码文件 12-15"。

12.3.17　uPass. php

用户修改密码的相关代码见"代码文件 12-16"。

12.3.18　uPass1. php

新密码更新到数据库中的相关代码见"代码文件 12-17"。

12.3.19　uPassS. php

检查新密码是否符合格式要求的相关代码见"代码文件 12-18"。

12.3.20　uPerm.php

用户在表单中输入新的权限的相关代码见"代码文件 12-19"。

12.3.21　uPerm1.php

更新数据库中相应用户的权限信息的相关代码见"代码文件 12-20"。

12.3.22　uPermS.php

根据用户提交的新权限更新数据库的相关代码见"代码文件 12-21"。

12.3.23　web_demo.php

PHP 脚本使用第三方的 WebSocket 库建立与大模型 AI 聊天服务器的连接,并与之交互,以获取用户查询的响应。主要功能如下。

(1) 使用提供的 WebSocket 库与大模型 AI 聊天服务器建立 WebSocket 连接。

(2) 从 POST 请求中获取用户的问题,并使用 WebSocket 连接将其发送到大模型 AI 聊天服务器。

(3) 监听来自大模型 AI 聊天服务器的响应。一旦收到响应,它会检查响应的状态并提取响应内容。如果状态表明预期会有更多的响应,它会继续监听,直到会话结束。

(4) 将响应存储在 Answer 的 Cookie 中,并将问题和响应插入 hView 的 SQLite 数据库中,以记录历史对话。

(5) 在处理响应并存储完毕后,将用户重新定回 iC.php 界面,该界面可能用于显示与 AI 聊天系统的交互。

(6) 使用 HMAC-SHA256 算法,为 WebSocket 请求生成身份验证。

相关代码见"代码文件 12-22"。

12.3.24　web_demo_m.php

使用 WebSocket 库与 AI 聊天服务器进行通信,实现一个问答系统。主要功能如下。

(1) 使用 WebSocket 库建立与 AI 聊天服务器的连接,通过 WebSocket 协议发送和接收数据。

(2) 在连接到聊天服务器之前,生成一个 URL,其中包含 API 密钥和签名,用于验证连接请求的身份。

(3) 从用户的 POST 请求中获取问题,将问题打包成 JSON 格式的数据,并发送到 AI 聊天服务器。

(4) 通过 WebSocket 接收来自聊天服务器的响应,并将响应的结果存储在 Answer 的

Cookie 中。

（5）将用户提出的问题和 AI 的回答存储到 SQLite 数据库中的 hView 列表中，以便查看历史对话。

（6）在处理完响应并存储历史记录后，将用户定向到问答界面。

相关代码见"代码文件 12-23"。

12.4 功能测试

本部分包括启动项目、服务界面、单轮问答、多轮问答、用户查看历史咨询记录、用户管理、意见反馈。

12.4.1 启动项目

（1）进入项目文件夹：D:\xmapp\htdocs\期末。

（2）通过 Xampp 中的 Apache 和 MySQL，依次单击 start→Admin 连接网页。

（3）在弹出的网页中将地址修改为 http://localhost:8081/期末/iC.php。

（4）网页启动结果如图 12-42 所示；搭建网页如图 12-43 所示。

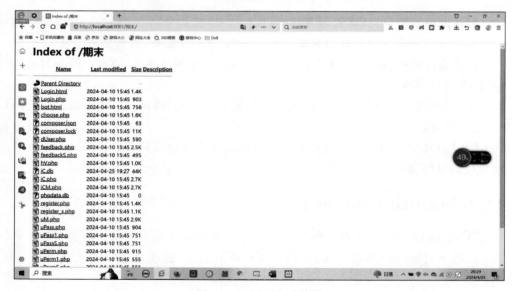

图 12-42　网页启动结果

12.4.2 服务界面

管理员登录界面如图 12-44 所示。

图 12-43　搭建网页

图 12-44　管理员登录界面

12.4.3 单轮问答

单轮问答如图 12-45 所示。

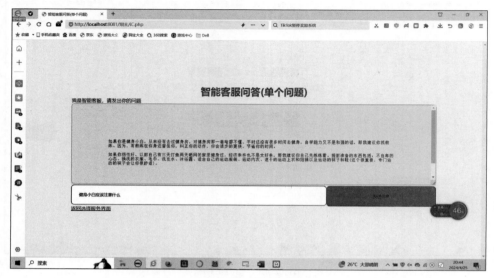

图 12-45　单轮问答

12.4.4 多轮问答

多轮问答如图 12-46 所示。

图 12-46　多轮问答

12.4.5　用户查看历史咨询记录

历史咨询记录如图 12-47 所示。

viewId	question	answer
78	你叫什么名字	您好，我是科大讯飞研发的认知智能大模型，我的名字叫讯飞星火认知大模型。我可以和人类进
79	外卖丢了	非常抱歉听到您的外卖丢失了。如果您是通过外卖平台下单的，建议您立即联系该平台的客服人员
80	健身小白应该注意什么?	健身是一项非常好的运动，但是对于健身小白来说，需要注意以下几点: 1. 选择适合自己的运动
81	我该怎么具体做呢	为了更好地帮助您，我需要了解更多的背景信息。您能详细描述一下您需要在哪个方面或任务上
82	健身小白应该注意什么?	健身小白应该注意以下几点: 1. 选择适合自己的运动方式和强度，不要盲目跟风或者过度锻炼。
83	我该具体如何做呢	以下是一些具体的建议: 1. 选择适合自己的运动方式和强度。初次接触健身的人可以从简单的有
84	我该具体如何做呢	以下是一些具体的步骤: 1. 设定目标。在开始健身之前，你需要明确自己的目标是什么。是为了
85	能给我一些建议吗	当你开始健身时，以下是一些建议: 1. 制定可行的计划。不要一开始就制定过于严格的训练计划
86	王者荣耀是由谁开发的	《王者荣耀》是由腾讯游戏天美工作室群开发并运营在Android、IOS平台上的MOBA类国产手
87	哪个英雄最强	在《王者荣耀》中，每个英雄都有自己的优势和劣势，没有最强的英雄。不过，根据一些玩家的
88	王者荣耀是由谁开发的	《王者荣耀》是由腾讯游戏天美工作室群开发并运营在Android、IOS平台上的MOBA类国产手
89	哪个英雄最强	这是一个很有趣的问题。在《王者荣耀》中，每个英雄都有自己的优势和劣势，因此没有一个英
90	李白应该怎么玩呢	李白是一个非常强大的英雄，他的技能可以让他在战斗中快速移动并造成大量伤害。以下是一些
91	赵云应该怎么玩呢	赵云是一个非常强大的英雄，他的技能可以让他在战斗中快速移动并造成大量伤害。以下是一些
92	赵云比李白厉害吗	赵云和李白都是王者荣耀中的英雄，他们各有所长。赵云是一名较为平衡的英雄，不仅拥有灵活
93	健身小白应该注意什么?	健身是一项很好的运动，但是对于健身小白来说，需要注意以下几点: 1. 选择适合自己的运动方

图 12-47　历史咨询记录

12.4.6　用户管理

管理员修改权限，如图 12-48 所示。

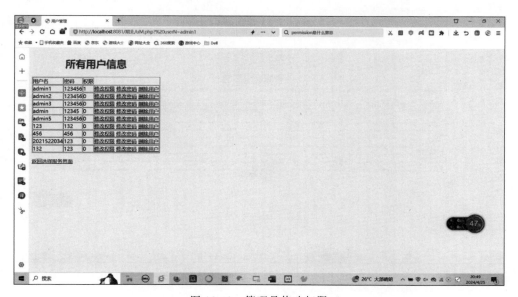

图 12-48　管理员修改权限

在管理员的"用户管理"界面可以修改用户信息，包括将用户切换为管理员、将管理员切换为用户、修改密码、删除用户，如图12-49所示。

图 12-49　修改用户信息

12.4.7　意见反馈

管理员查看意见反馈，如图12-50所示。

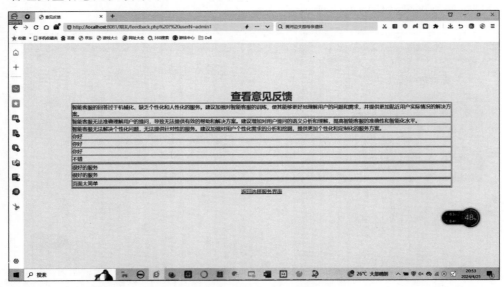

图 12-50　管理员查看意见反馈

查看所有用户意见反馈，如图 12-51 所示。

图 12-51　查看所有用户意见反馈

项目 13   活 动 策 划

本项目基于 HTML 结构内容,使用 CSS 进行样式设计,引用 JavaScript 建立数据逻辑与交互,根据讯飞星火认知大模型 v1.5,调用开放的 API,实现自动生成活动策划。

13.1   总体设计

本部分包括整体框架和系统流程。

13.1.1   整体框架

整体框架如图 13-1 所示。

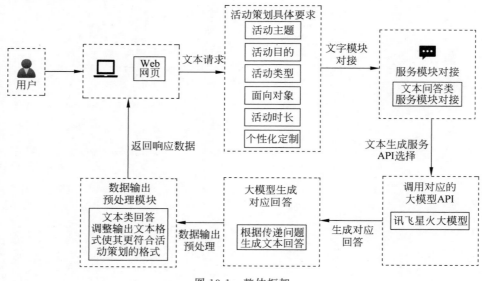

图 13-1   整体框架

13.1.2 系统流程

系统流程如图 13-2 所示。

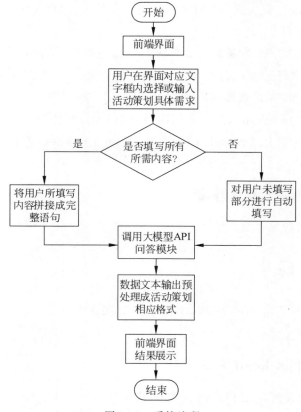

图 13-2 系统流程

13.2 开发环境

本节介绍 Node.js 和 VS Code 的安装过程,给出环境配置、创建项目及大模型 API 的申请步骤。

13.2.1 安装 Node.js

安装 Node.js 参见 1.2.1 节。

13.2.2 安装 VS Code

安装 VS Code 参见 1.2.2 节。

13.2.3　创建项目

创建项目步骤如下。

（1）启动 VS Code。依次选择文件菜单→打开文件夹，通过 VS Code 终端，使用命令行工具 npm 初始化新项目。

（2）创建 HTML 文件。在选定的文件夹内右击空白处，选择新建文件，命名为 index. html，这是网页的主文件。双击打开 index. html 文件进入 VS Code 的编辑器，开始编写 HTML 代码，包括标签、样式和脚本。

（3）创建 CSS 和 JavaScript，并将它们连接到 HTML 文件中。

（4）预览网页需要使用 VS Code 的终端，输入 npm run dev，等待并单击终端提供的网站即可。

13.2.4　大模型 API 申请

大模型 API 申请参见 1.2.6 节。

13.3　系统实现

本项目使用 Vite 搭建 Web 框架，文件结构如图 13-3 所示。

13.3.1　头部< head >

定义文档字符和设置网页样式的相关代码见"代码文件 13-1"。

13.3.2　样式< style >

定义网页样式的相关代码见"代码文件 13-2"。

13.3.3　主体< body >

与大模型进行通信的相关代码见"代码文件 13-3"。

13.3.4　main. js 脚本以及 App. vue

main. js 脚本主要用来设置变量，相关代码见"代码文件 13-4"。请求参数如图 9-5 所示。

图 13-3　文件结构

13.3.5　ws.js 文件

GetWebsocketUrl 函数主要功能是生成一个 WebSocket URL，并返回一个 Promise 对象。在函数内部，一是定义 APIKey 和 APISecret 变量；二是将传入的 URLS 参数赋值给 URL 变量；三是获取当前主机名和当前日期；四是定义一些与签名相关的变量，如 Algorithm、Headers 和 SignatureOrigin；五是使用 CryptoJS 库的 HmacSHA256 方法对 SignatureOrigin 进行加密，并将结果转换为 Base64 编码的字符串，存储在 Signature 变量中；六是构造授权信息，并将其转换为 Base64 编码的字符串，存储在 Authorization 变量中；七是将授权信息和其他参数拼接到 URL 中，生成最终的 WebSocket URL，并将其作为 Promise 对象的解析值。

WebSocketSend 函数接收一个参数 Param。函数的主要功能是构造一个包含 Header、Parameter 和 Payload 属性的对象，并将其转换为 JSON 字符串。在函数内部，一是定义名为 Params 的对象，其中包含三个属性：Header、Parameter 和 Payload。Header 属性包含应用程序 ID 和用户 ID；Parameter 属性包含聊天相关的参数，如领域、温度和最大令牌数。Payload 属性包含要发送的消息文本，该文本由传入的参数 Param 指定；使用 JSON.stringify 函数将 Params 对象转换为 JSON 字符串，并将其作为函数的返回值。相关代码见"代码文件 13-5"。

13.4　功能测试

本部分包括启动项目、发送问题及响应。

13.4.1　启动项目

（1）打开 VS Code 软件，单击打开工程文件。

（2）单击终端，输入 npm run dev。

（3）单击终端中显示的网址，进入网页。

（4）终端启动结果如图 13-4 所示，应用程序如图 13-5 所示。

图 13-4　终端启动结果

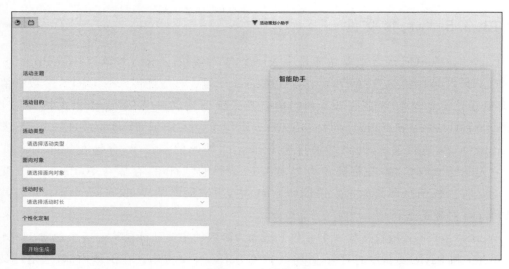

图 13-5　应用程序

13.4.2　发送问题及响应

填写相关信息，单击"开始生成"按钮，收到的答案显示在文本框内，如图 13-6 所示。

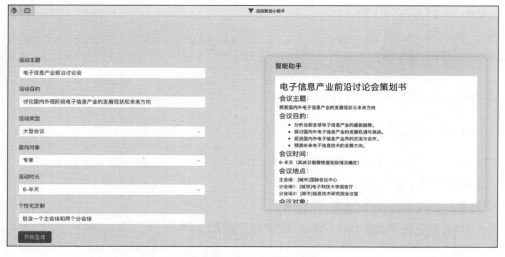

图 13-6　发送问题及响应

项目 14

图 文 转 换

本项目基于 HTML 结构内容,使用 CSS 进行样式设计,引用 JavaScript 建立数据逻辑及交互,调用开放的 API,根据讯飞星火大模型的通用文字识别功能,实现图文转换。

14.1　总体设计

本部分包括整体框架和系统流程。

14.1.1　整体框架

整体框架如图 14-1 所示。

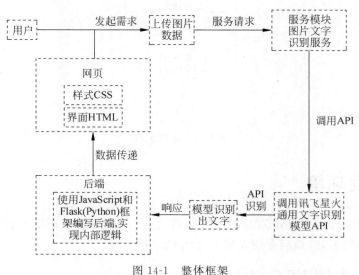

图 14-1　整体框架

14.1.2　系统流程

系统流程如图 14-2 所示。

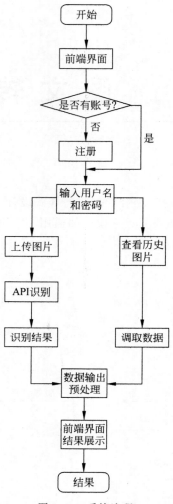

图 14-2 系统流程

14.2 开发环境

本节包括 VS Code 和 FileZilla 的安装过程,给出云服务器的环境配置,通过阿里云将程序部署到云端服务器,最后介绍大模型 API 的申请步骤。

14.2.1 安装 VS Code

安装 VS Code 参见 1.2.2 节。

14.2.2　安装 FileZilla

下载 FileZilla 客户端,如图 14-3 所示。

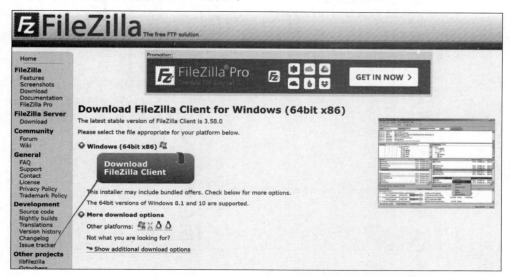

图 14-3　下载 FileZilla 客户端

运行 FileZilla 安装程序,单击 I Agree 按钮,如图 14-4 所示。

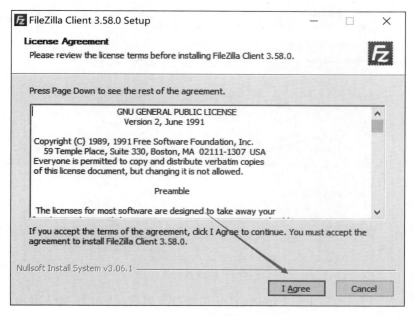

图 14-4　同意条约

设置用户,如图 14-5 所示,单击 Next 按钮。

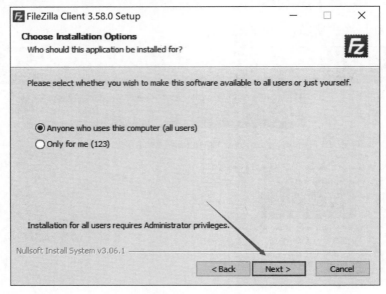

图 14-5　设置用户

创建桌面图标,如图 14-6 所示,单击 Next 按钮。

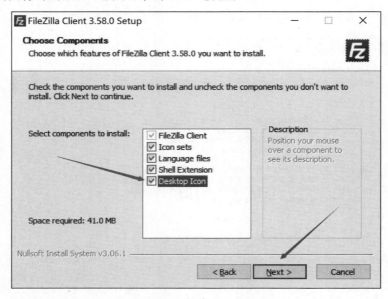

图 14-6　创建桌面图标

默认安装路径为 C 盘,单击 Browse 按钮可更改安装路径,如图 14-7 所示,更改完成后单击 Next 按钮。

安装过程如图 14-8 所示,单击 Install 按钮。

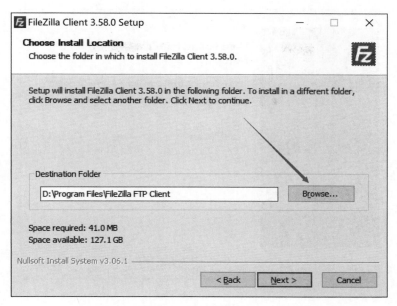

图 14-7　设置安装路径

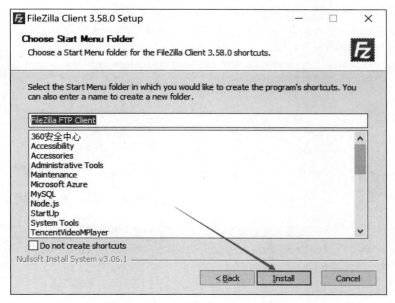

图 14-8　安装过程

安装完成如图 14-9 所示,单击 Finish 按钮。

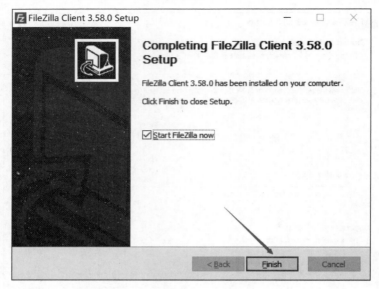

图 14-9　安装完成

14.2.3　云服务器环境配置

搭建云服务器,将代码上传到云端,保证程序持续运行。

进入阿里云官网,凭在校生身份可免费领取一个月 ECS,如图 14-10 所示。

图 14-10　领取云服务器

单击"立即购买"按钮,如图 14-11 所示。

购买后进入云服务器管理控制台,如图 14-12 所示。

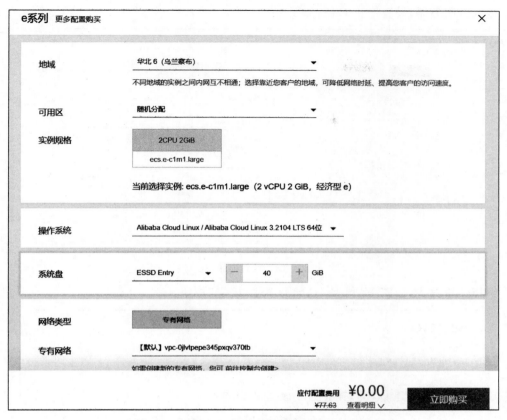

图 14-11　购买云服务器

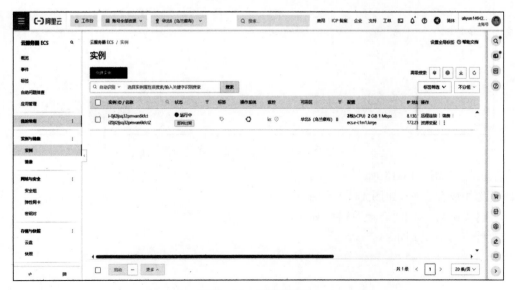

图 14-12　管理控制台

进入云服务器,设置停止 ECS,如图 14-13 所示。

图 14-13　设置停止 ECS

选择停止方式,如图 14-14 所示,然后单击"确定"按钮。

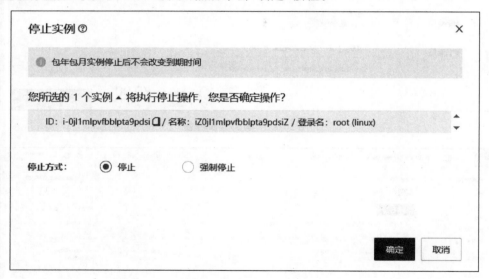

图 14-14　选择停止方式

停止状态如图 14-15 所示。

配置并设置密码,如图 14-16 所示。

创建实例后,单击"启动"按钮,如图 14-17 所示。

复制公网 IP,如图 14-18 所示。

图 14-15　停止状态

图 14-16　设置密码

图 14-17　创建实例

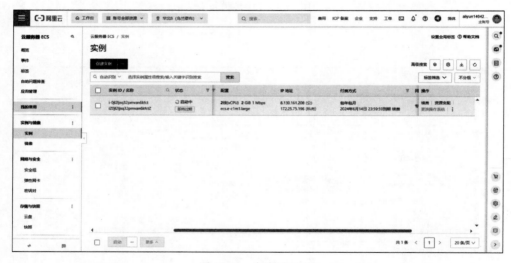

图 14-18　复制公网 IP

14.2.4　远程连接

通过阿里云实例自带的功能将计算机连接到远程主机,然后进入云服务器管理控制台,单击"远程连接",如图 14-19 所示。

单击"立即登录"按钮,如图 14-20 所示。

输入用户名和密码后,单击"确定"按钮,如图 14-21 所示。

图 14-19 远程连接

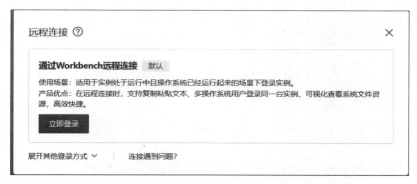

图 14-20 远程登录

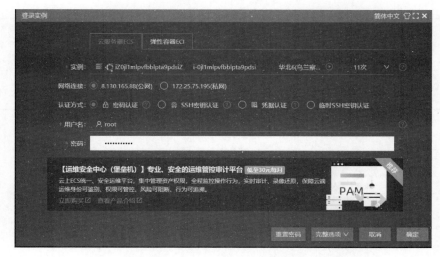

图 14-21 输入用户名和密码

14.2.5 程序部署到云端服务器

（1）使用 FileZilla 将程序部署到云端服务器，以便代码在云端运行。

（2）打开 FileZilla，输入主机用户名、密码和端口号（在阿里云服务器控制台查看），单击"快速连接"按钮，如图 14-22 所示。

打开/var/www/html/文件夹后上传代码，如图 14-23 所示。

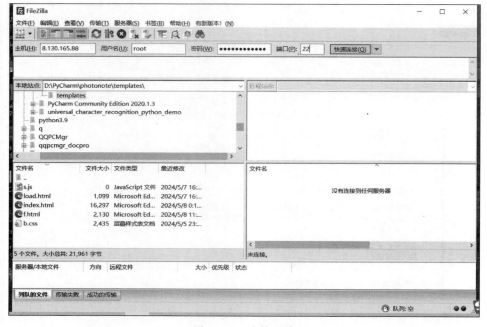

图 14-22　连接云端

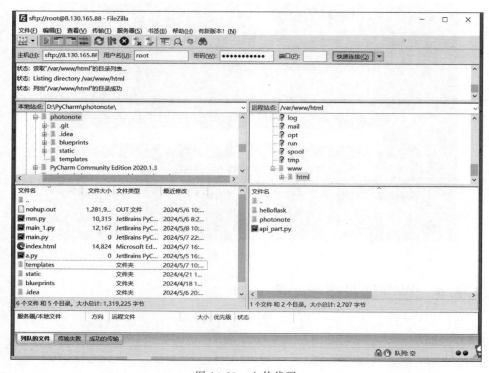

图 14-23　上传代码

14.2.6 申请大模型 API

申请大模型 API 参见 1.2.6 节。

14.3 系统实现

本项目使用网页搭建 Web 框架,文件结构如图 14-24 所示。

图 14-24 文件结构

14.3.1 index. html

创建用户主界面样式的相关代码见"代码文件 14-1"。

14.3.2 样式< style >

创建用户注册界面样式的相关代码见"代码文件 14-2"。

14.3.3 sign. html

创建用户登录界面样式的相关代码见"代码文件 14-3"。

14.3.4 main. py 脚本

网页交互设计的相关代码见"代码文件 14-4"。

14.4 功能测试

本部分包括启动项目、上传图片及结果展示。

14.4.1 启动项目

打开 http://8.130.161.208:5000/进入主界面,如图 14-25 所示。
单击"注册账号"按钮,进入账号注册界面,如图 14-26 所示。

图 14-25　图文转换笔记本主界面

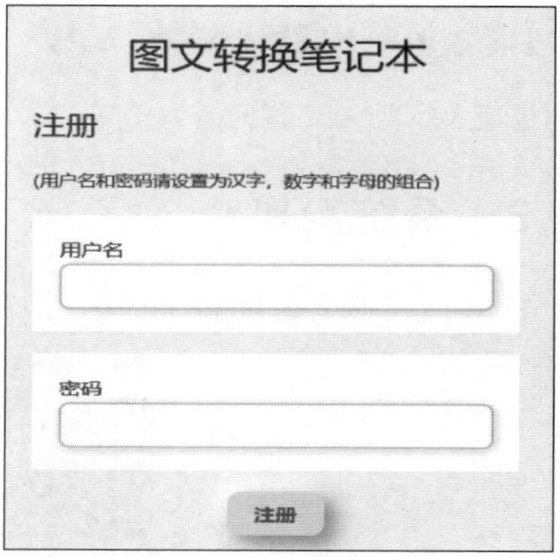

图 14-26　账号注册

14.4.2　上传图片及响应

单击"点击上传"按钮,收到的识别结果显示在文本框内,如图 14-27 所示;单击"查看以往上传的图片"按钮,如图 14-28 所示。

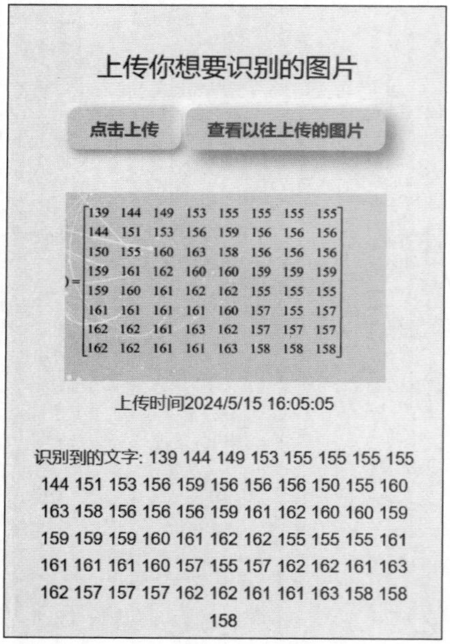

图 14-27　上传图片结果

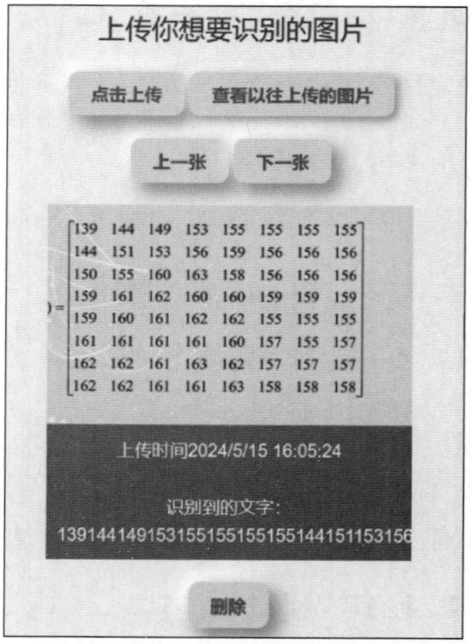

图 14-28　历史查询界面

菜 谱 推 荐

本项目基于 HTML 结构内容,使用 CSS 进行样式设计,引用 JavaScript 建立数据逻辑与交互,根据图片理解和讯飞星火认知大模型 v3.5,调用开放的 API,实现菜谱智能推荐功能。

15.1　总体设计

本部分包括整体框架和系统流程。

15.1.1　整体框架

整体框架如图 15-1 所示。

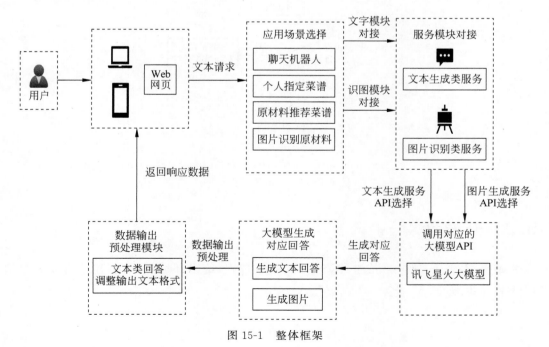

图 15-1　整体框架

15.1.2 系统流程

系统流程如图 15-2 所示。

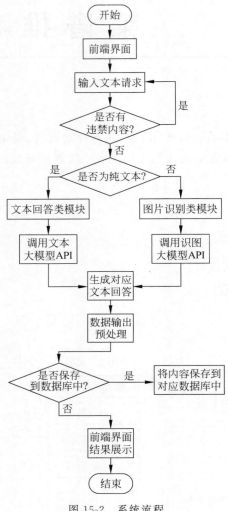

图 15-2 系统流程

15.2 开发环境

本节介绍 Node.js、pnpm 和 MySQL 的安装过程，给出环境配置、创建项目及大模型 API 的申请步骤。

15.2.1　安装 Node.js

安装 Node.js 参见 1.2.1 节。

15.2.2　安装 pnpm

安装 pnpm 参见 1.2.3 节。

15.2.3　安装 MySQL

安装 MySQL 参见 2.2.3 节。

15.2.4　安装 DBeaver

进入 DBeaver 官网，如图 15-3 所示。

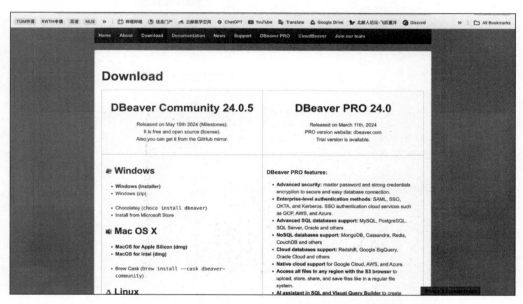

图 15-3　DBeaver 官网

将 DBeaver 图标拖至 Application 文件夹进行安装，如图 15-4 所示。

进入主界面，DBeaver 主界面如图 15-5 所示；选择需要连接的数据库类型如图 15-6 所示。

输入密码后进行连接，如图 15-7 所示。

连接成功，如图 15-8 所示。

图 15-4　安装 DBeaver

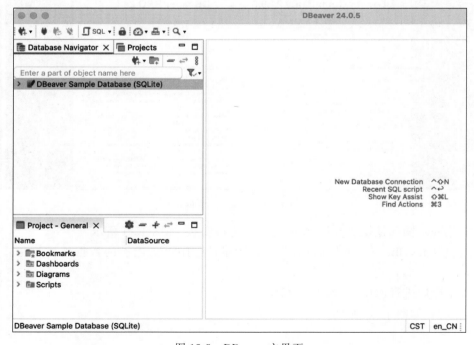

图 15-5　DBeaver 主界面

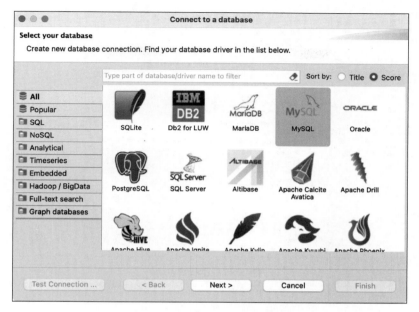

图 15-6 选择需要连接的数据库类型

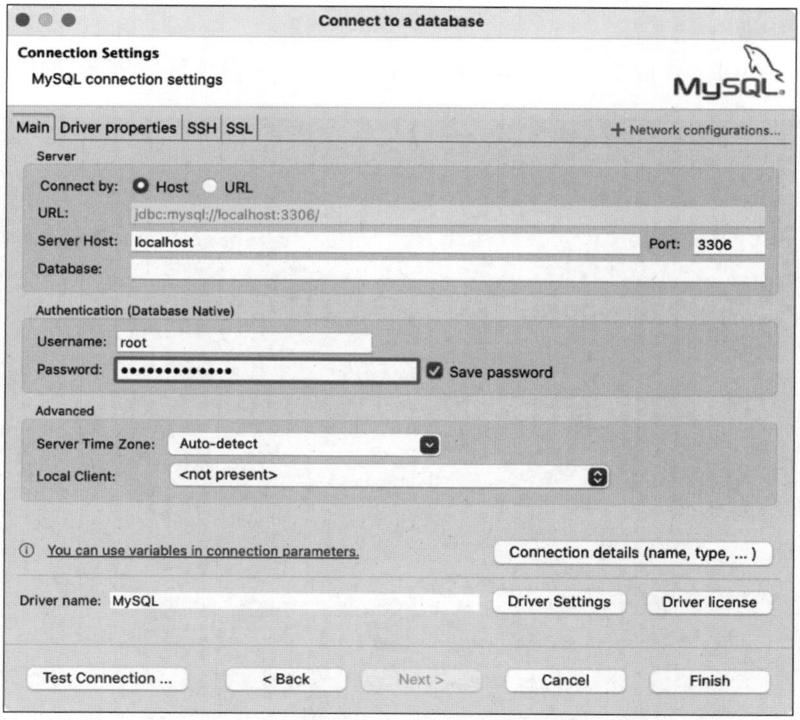

图 15-7 输入密码

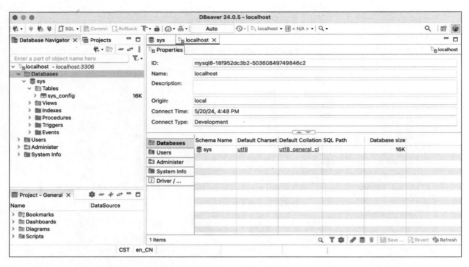

图 15-8　连接成功

15.2.5　环境配置

环境配置参见 1.2.4 节。

通过 npm outdated 指令查看版本，使用 pnpm update 指令可以更新，如图 15-9 所示。

图 15-9　在终端通过 npm 安装 pnpm

更新后 package.json 的文件内容如下。

```json
{
  "name": "the_cook",
  "private": true,
  "version": "0.0.0",
  "type": "module",
  "scripts": {
    "dev": "vite",
    "build": "vite build",
    "preview": "vite preview"
  },
  "dependencies": {
    "@vue/runtime-dom": "^3.4.27",
    "base-64": "^1.0.0",
    "body-parser": "^1.20.2",
    "cors": "^2.8.5",
    "crypto-js": "^4.2.0",
    "express": "^4.19.2",
    "fast-xml-parser": "^4.3.6",
    "mysql2": "^3.9.7",
    "utf8": "^3.0.0",
    "vue": "^3.4.27"
  },
  "devDependencies": {
    "@vitejs/plugin-vue": "^4.6.2",
    "vite": "^4.5.3"
  }
}
```

更新之前，运行 pnpm install 命令，安装后显示内容如下。

```
(base) hezijin@Wolfgangs-MacBook-Air the_Cook % pnpm install
Packages: +35
+++++++++++++++++++++++++++++++++++++
Progress: resolved 35, reused 0, downloaded 35, added 35, done
node_modules/.pnpm/esbuild@0.18.20/node_modules/esbuild: Running postinstall script, done
in 310ms
dependencies:
+ base-64 1.0.0
+ crypto-js 4.1.1
+ fast-xml-parser 4.2.6
+ utf8 3.0.0
+ vue 3.3.4
devDependencies:
+ @vitejs/plugin-vue 4.2.3
+ vite 4.4.5
Done in 11.9s
```

运行 pnpm update 命令后显示内容如下。

```
(base) hezijin@Wolfgangs-MacBook-Air the_Cook % pnpm update
Packages: +35
++++++++++++++++++++++++++++++++++++
Progress: resolved 56, reused 10, downloaded 25, added 25, done
dependencies:
+ crypto-js 4.2.0
+ fast-xml-parser 4.3.6
+ vue 3.4.27
devDependencies:
+ @vitejs/plugin-vue 4.6.2 (5.0.4 is available)
+ vite 4.5.3 (5.2.11 is available)
Done in 2.6s
```

15.2.6　创建项目

创建项目步骤如下。

（1）新建项目文件夹，进入文件夹后打开终端，使用 pnpm create vite 创建项目。

（2）输入项目名称，默认是 vite-project，本项目名称为 the_Cook。选择项目框架、VUE 以及 JavaScript 语言。

```
① Project name: ... the_Cook
② Select a framework: » Vue
③ Select a variant: » JavaScript
④ Scaffolding project in /Users/hezijin/Desktop/大三下/电子信息工程综合实验/the_Cook
```

（3）按照提示的命令运行即可启动项目，其中 pnpm install 是构建项目，pnpm run dev 是运行项目。

```
cd /Users/hezijin/Desktop/大三下/电子信息工程综合实验/the_Cook
pnpm install
pnpm run dev
VITE v4.5.3 ready in 597ms
Local: http://localhost:5173/
Network: use -- host to expose
press h to show help
```

（4）初始界面如图 1-22 所示。

15.2.7　大模型 API 申请

大模型 API 申请参见 1.2.6 节。

15.3　系统实现

本项目使用 Vite 搭建 Web 框架，文件结构如图 15-10 所示。

图 15-10 文件结构

15.3.1 头部< head >

定义文档字符的相关代码见"代码文件 15-1"。

15.3.2 样式< style >

定义网页样式的相关代码见"代码文件 15-2"。

15.3.3 主体< body >

与大模型进行通信的相关代码见"代码文件 15-3"。

15.3.4 main. js 脚本

main. js 脚本主要用来设置变量,相关代码见"代码文件 15-4"。请求参数详情如图 15-11 所示。

图 15-11 请求参数详情

15.3.5 recipes. html

设置在单击菜谱名称时显示 display = none 的相关代码见"代码文件 15-5"。

15.3.6 recipes. js 脚本

菜谱设置界面的相关代码见"代码文件 15-6"。

15.3.7 server. js 脚本

显示菜单界面的相关代码见"代码文件 15-7"。

15.4 功能测试

本部分包括启动项目、发送问题及响应。

15.4.1 启动项目

（1）打开终端，进入 server.js 所在文件夹 cd /Users/hezijin/Desktop/大三下/电子信息工程综合实验/the_Cook/src。

（2）启动服务器，连接数据库：node server.js。

（3）打开第二个终端，进入项目文件夹 cd /Users/hezijin/Desktop/大三下/电子信息工程综合实验/the_Cook。

（4）运行项目程序 pnpm run dev。

（5）单击终端中显示的网址 URL，进入网页。

（6）终端启动结果如图 15-12 所示，聊天窗口如图 15-13 所示。

图 15-12　终端启动结果

图 15-13　聊天窗口

15.4.2　发送问题及响应

单击  按钮，在输入框中输入文字，按 Enter 键，将图片与文字一并上传到 API 进行处理，如图 15-14 和图 15-15 所示；发送问题后图片理解 API 的回复如图 15-16 所示。

图 15-14　发送问题

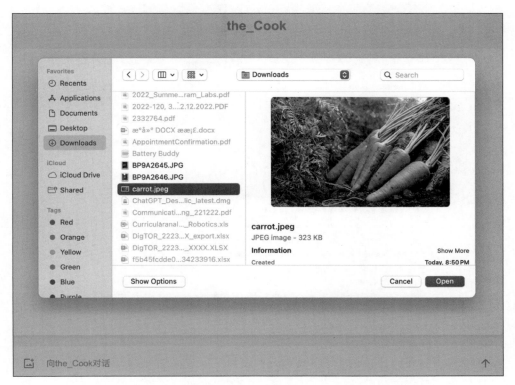

图 15-15　生成结果

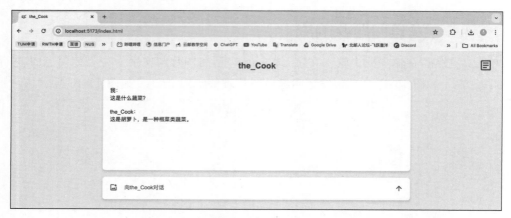

图 15-16　发送问题后图片理解 API 的回复

当没有图片输入时,用户输入的文字交由 API 处理。格式如下:菜谱名称→原材料→具体步骤→自动生成礼貌用语或点评。

对话完毕时,文字 API 返回的内容根据关键词做分割,切分出该菜品的名称、所需原材料及详细的制作步骤,并询问用户是否添加到数据库。当数据库检测到有重名菜品时,便拒绝添加,如图 15-17 所示。

图 15-17　添加数据库操作

当前数据库界面如图 15-18 所示。

单击菜谱界面获取详细数据,如图 15-19 所示;菜谱列表详情如图 15-20 所示;单击"删除"按钮后的数据库如图 15-21 所示;单击"删除"按钮后的菜谱列表如图 15-22 所示。

图 15-18　当前数据库界面

图 15-19　菜谱列表

图 15-20　菜谱列表详情界面

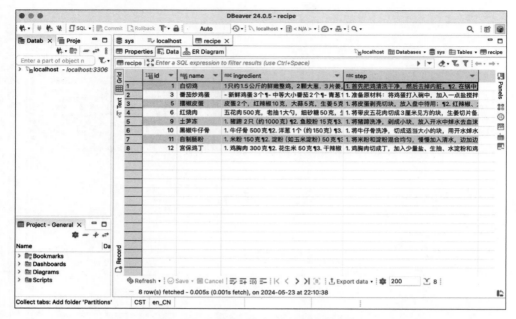

图 15-21　单击"删除"按钮后的数据库

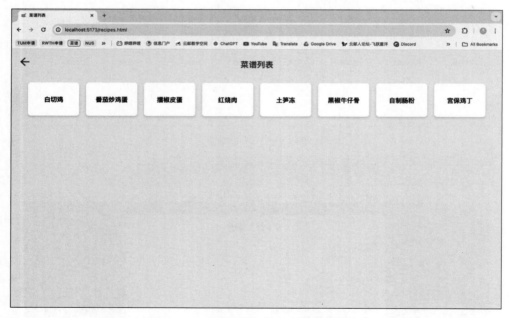

图 15-22　单击"删除"按钮后的菜谱列表

项目 16

图 书 阅 读

本项目基于 HTML 结构内容，通过 CSS 进行样式设计，引用 JavaScript 建立数据逻辑与交互，使用 React 框架库，根据讯飞星火认知大模型 v3.5，调用开放的 API，向用户推荐图书并进行实时交流。

16.1 总体设计

本部分包括整体框架和系统流程。

16.1.1 整体框架

整体框架如图 16-1 所示。

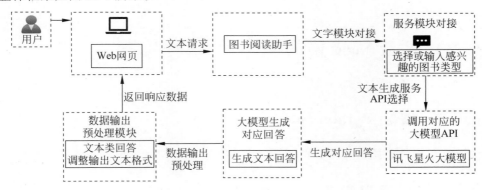

图 16-1　整体框架

16.1.2 系统流程

系统流程如图 16-2 所示。

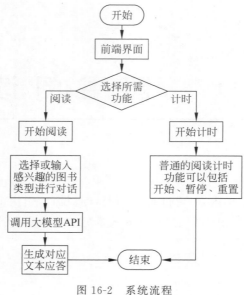

图 16-2　系统流程

16.2　开发环境

本部分包括 Node.js、Python 和 npm 的安装过程,给出环境配置、创建项目及大模型 API 的申请步骤。

16.2.1　安装 Node.js

安装 Node.js 参见 1.2.1 节。

16.2.2　安装 Python 环境

安装 Python 环境参见 2.2.1 节。

16.2.3　安装 npm

本项目使用 npm 作为管理工具,主要功能是管理项目配置、运行脚本等。在项目启动前,根据 package.json 安装项目的所有依赖,可作为一种高效、快速且严格的包管理解决方案。注:在安装 npm 前需要先检查是否已经安装 Node.js,可输入 node -v 检查是否存在全局安装 npm:npm.install,如图 16-3 所示。

图 16-3 检查是否已经安装 Node.js

16.2.4 React 框架库

项目所需依赖环境配置主要记录在 package.json 及 npm 文件内。React 是一个用于构建用户界面的 JavaScript 库,由 Facebook 开发和维护,广泛应用于开发复杂的单页应用程序(Single Page Applications,SPA)。React 的组件可以组合起来构建复杂的用户界面,本项目应用 Home 和 Chat 组件,Home 组件显示主页内容,提供导航按钮;Chat 组件处理聊天逻辑和用户交互。

React 还可以通过其虚拟机制高效地管理 DOM。当状态或属性发生变化时,React 仅更新必要部分,从而提高性能和响应速度。例如,在 Chat 组件中,用户发送消息或接收到回复时,动态更新聊天记录。

React 提供状态管理机制,使得管理组件的内部状态和跨组件的状态变得简洁。例如,Chat 组件使用 UseState 管理输入框的内容和消息列表。

16.2.5 环境配置

环境配置参见 1.2.4 节。

package.json 的文件内容如下。

```
{
  "name": "books",
  "version": "0.1.0",
    "private": true,
    "dependencies": {
    "@testing-library/jest-dom": "^5.17.0",
    "@testing-library/react": "^13.4.0",
    "@testing-library/user-event": "^13.5.0",
    "cors": "^2.8.5",
    "react": "^18.3.1",
    "react-dom": "^18.3.1",
    "react-router-dom": "^6.23.1",
    "react-scripts": "5.0.1",
    "web-vitals": "^2.1.4"
  },
  "scripts": {
    "start": "react-scripts start",
    "build": "react-scripts build",
    "test": "react-scripts test",
    "eject": "react-scripts eject"
```

```
  },
  "eslintConfig": {
    "extends": [
      "react - app",
      "react - app/jest"
    ]
  },
  "browserslist": {
    "production": [
      "> 0.2 % ",
      "not dead",
      "not op_mini all"
    ],
    "development": [
      "last 1 chrome version",
      "last 1 firefox version",
      "last 1 safari version"
    ]
  }
}
```

16.2.6　创建项目

创建项目步骤如下。

（1）安装 Create React App，如图 16-4 所示。

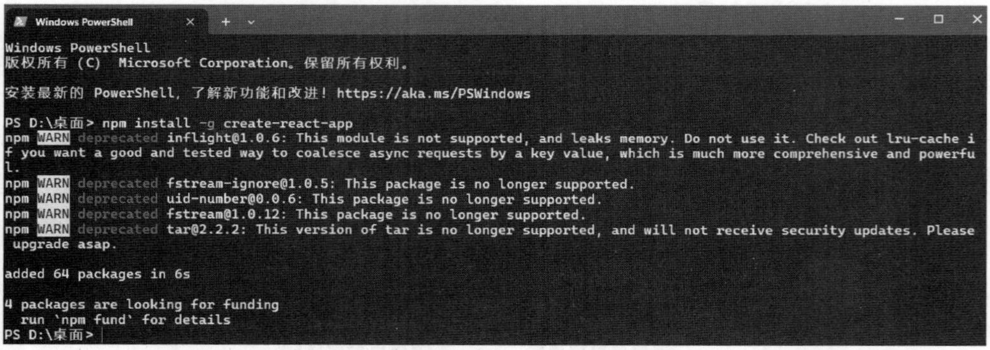

图 16-4　安装 Create React App

（2）创建 React 项目：create-react-app my-react-app。

（3）进入项目目录后启动项目。

```bash
cd my - react - app
```

（4）运行开发服务器。

```
npm start
```

（5）前端在本地的 3000 端口，单击 http://localhost:3000/，进入网页。

（6）后端在本地的 5000 端口，在终端输入 node server.js 启动服务器。

16.2.7　大模型 API 申请

大模型 API 申请参见 1.2.6 节。

16.3　系统实现

本项目使用 Vite 搭建 Web 框架，文件结构如图 16-5 所示。

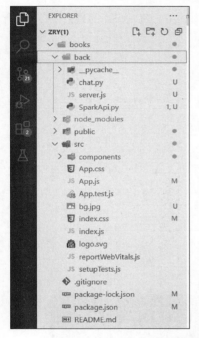

图 16-5　文件结构

16.3.1　App.js

主应用组件是整个应用的根组件，相关代码见"代码文件 16-1"。

16.3.2　App.css

定义应用全局样式的相关代码见"代码文件 16-2"。

16.3.3　Home.js

定义首页组件的相关代码见"代码文件 16-3"。

16.3.4　Count.js

定义计时功能组件的相关代码见"代码文件 16-4"。

16.3.5　Selection.js

定义图书选择组件的相关代码见"代码文件 16-5"。

16.3.6　Chat.js

定义聊天功能组件的相关代码见"代码文件 16-6"。

16.3.7　Chat.py

Chat.py 文件的作用是作为一个独立的 Python 脚本，处理与后端服务的交互。具体来说，它负责通过 WebSocket 与一个对话接口（如 Spark API）进行通信，根据传入的用户消息和选定的类型生成对话回复。相关代码见"代码文件 16-7"。

16.4　功能测试

本部分包括启动项目、发送问题及响应。

16.4.1 启动项目

双击打开进入项目文件夹 zry(1)→books，如图 16-6 所示。

图 16-6　打开项目文件夹

运行项目程序：在终端中输入 npm start，如图 16-7 所示。

图 16-7　启动项目

打开文件夹 zry(1)→books→back 启动终端，在终端输入 node server.js，如图 16-8 所示。单击"开始阅读"按钮进入选择界面，如图 16-9 所示。

图 16-8   在终端中启动后端服务器

图 16-9   进入网页项目主界面

16.4.2   发送问题及响应

选择现代文学后单击"开始推荐"按钮,如图 16-10 所示。

图 16-10   书籍选择界面

向大模型提问:"你好,能否给我推荐些书目",单击"发送"按钮,如图 16-11 所示。

向大模型提问:可以给我推荐一本近期比较流行的现代文学图书吗,单击"发送"按钮,如图 16-12 所示。

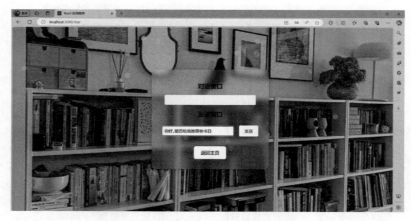

图 16-11　发送问题

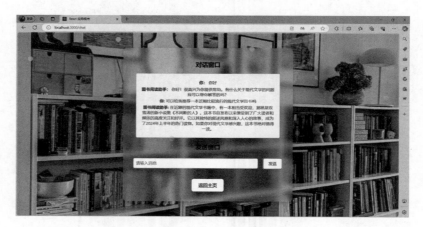

图 16-12　发送问题及响应

单击"返回主页"按钮进入计时界面，如图 16-13 所示。

图 16-13　进入计时界面

项目 17 出游规划

本项目基于 WXML 构建用户界面,使用 WXSS 进行样式设计,引用 JavaScript 建立数据逻辑与交互,通过 JS 对象简谱(JavaScript Object Notation,JSON)进行全局配置,根据讯飞星火认知大模型 v3.5,调用开放的 API、和风天气 API,获取地区天气预报。

17.1 总体设计

本部分包括整体框架和系统流程。

17.1.1 整体框架

整体框架如图 17-1 所示。

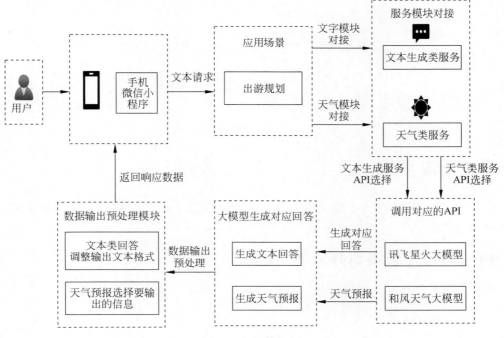

图 17-1 整体框架

17.1.2　系统流程

系统流程如图 17-2 所示。

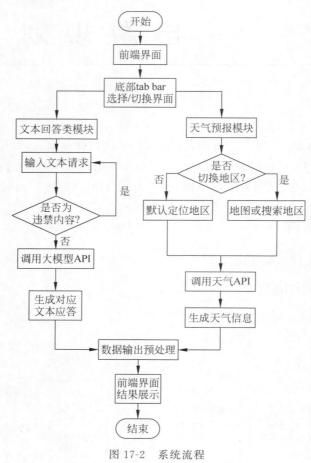

图 17-2　系统流程

17.2　开发环境

本节介绍微信开发者工具的安装过程，给出环境配置，创建项目，大模型 API、和风天气 API 的申请步骤。

17.2.1　安装微信开发者工具

安装微信开发者工具参见 10.2.1 节。

17.2.2　环境配置

环境配置参见 1.2.4 节。

project.config.json 的文件内容如下。

```json
{
  "description": "项目配置文件。",
  "packOptions": {
    "ignore": [],
    "include": []
  },
  "setting": {
    "urlCheck": false,
    "es6": false,
    "postcss": false,
    "minified": false,
    "newFeature": true,
    "bigPackageSizeSupport": true,
    "checkSiteMap": false,
    "babelSetting": {
      "ignore": [],
      "disablePlugins": [],
      "outputPath": ""
    },
    "condition": false
  },
  "compileType": "miniprogram",
  "libVersion": "3.2.1",
  "appid": "wx049646c507da9059",
  "projectname": "HappyOuting",
  "condition": {},
  "editorSetting": {
    "tabIndent": "insertSpaces",
    "tabSize": 2
  }
}
```

project.private.config.json 的文件内容如下。

```json
{
  "description": "项目私有配置文件。此文件中的内容将覆盖 project.config.json 中的相同字段。项目的改动优先同步到此文件中。详见文档：https://developers.weixin.qq.com/miniprogram/dev/devtools/projectconfig.html",
  "projectname": "HappyOuting",
```

```
  "setting": {
    "compileHotReLoad": true
  }
}
```

17.2.3　创建项目

创建项目步骤如下。

（1）打开微信开发者工具，微信扫码后登录账号。

（2）选择小程序，单击界面中的＋号。

（3）新建小程序初始设置，填写项目名称、目录、AppID并选择模板。

（4）单击"确定"按钮，即可进入初始化界面，如图17-3所示。

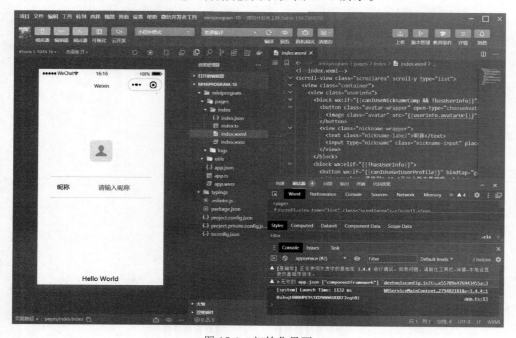

图 17-3　初始化界面

17.2.4　大模型 API 申请

大模型 API 申请参见 1.2.6 节。

17.2.5　天气 API 申请

打开和风天气首页，如图 17-4 所示。

单击"天气 API"，进入开发服务页，如图 17-5 所示；单击"免费注册"按钮，如图 17-6 所示。

图 17-4　和风天气首页

图 17-5　和风天气开发服务页

注册并登录后,进入控制台,如图 17-7 所示。

单击"项目管理",创建项目,如图 17-8 所示。

创建成功后,项目管理界面如图 17-9 所示。

图 17-6　注册界面

图 17-7　控制台界面

图 17-8　创建项目

图 17-9 项目管理界面

17.3 系统实现

本项目使用微信开发者工具创建小程序,文件结构如图 17-10 所示。

图 17-10 文件结构

17.3.1 spark. wxml

界面设置的相关代码见"代码文件 17-1"。

17.3.2 spark. wxss

定义容器大小、边距、字体、颜色的相关代码见"代码文件 17-2"。

17.3.3 spark. json

下拉刷新的相关代码见"代码文件 17-3"。

17.3.4 spark. js 脚本

spark. js 脚本主要用来设置变量并进行事件处理,相关代码见"代码文件 17-4"。

17.3.5 WeatherPage. wxml

设置风力、湿度、气压图标的相关代码见"代码文件 17-5"。

17.3.6 WeatherPage. wxss

设置界面样式的相关代码见"代码文件 17-6"。

17.3.7 WeatherPage. json

界面配置的相关代码见"代码文件 17-7"。

17.3.8 WeatherPage.js 脚本

设置变量和事件处理的相关代码"见代码文件 17-8"。

和风天气 API 配置详情如图 17-11 所示。

图 17-11 和风天气 API 配置详情

微信官方接口的参数详情如图 17-12 所示。

图 17-12 微信官方接口参数详情

17.4 功能测试

本部分包括启动项目、发送问题及响应、天气预报查看与地区选择。

17.4.1 启动项目

（1）打开微信开发者工具。

（2）运行项目程序：悦出行 HappyOuting。

（3）启动结果如图 17-13 所示。

图 17-13 启动结果

17.4.2 发送问题及响应

向大模型提问：可以向我推荐两三个适合六月游玩的北京景点吗？单击"发送"按钮后，收到的答案显示在对话框内，如图 17-14 所示。

图 17-14 发送问题及响应

17.4.3 天气预报查看

天气界面如图 17-15 所示。

图 17-15 天气界面

查看 7 天天气预报,如图 17-16 所示。

图 17-16 7 天天气预报

左右滑动可以查看完整预报,如图 17-17 所示。

图 17-17　查看完整预报

17.4.4　地区选择

地区切换选择界面如图 17-18 所示。

图 17-18　地区切换选择界面

修改地区,如图 17-19 所示。

图 17-19　修改地区

进入地图界面后,单击上方搜索栏进行搜索,如图 17-20 所示。

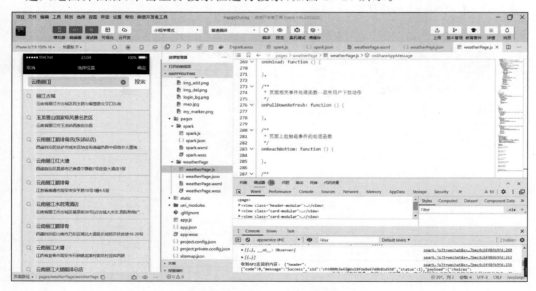

图 17-20　搜索地点

单击相关地点栏,地图跳转到选择的地点。

选择具体地点，地区修改成功如图 17-21 所示。

图 17-21　地区修改成功

项目 18   智 能 医 疗

本项目基于 HTML 结构内容,使用 CSS 进行样式设计,引用 JavaScript 建立数据逻辑与交互,基于讯飞星火认知大模型,调用开放的 API,对用户提出的医疗问题进行解答,并通过上传病历的方式进行健康档案管理,为用户提供高效准确的医疗咨询和健康管理服务。

18.1   总体设计

本部分包括整体框架和系统流程。

18.1.1   整体框架

整体框架如图 18-1 所示。

图 18-1   整体框架

18.1.2   系统流程

系统流程如图 18-2 所示。

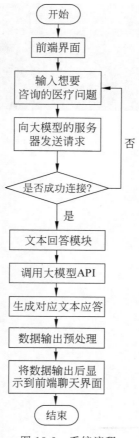

图 18-2 系统流程

18.2 开发环境

本节介绍 Node.js 和 npm 的安装过程,给出环境配置、创建项目及大模型 API 的申请步骤。

18.2.1 安装 Node.js

安装 Node.js 参见 1.2.1 节。

18.2.2 安装 npm

安装 npm 参见 16.2.3 节。

18.2.3 环境配置

环境配置参见 1.2.4 节。安装依赖如图 18-3 所示。

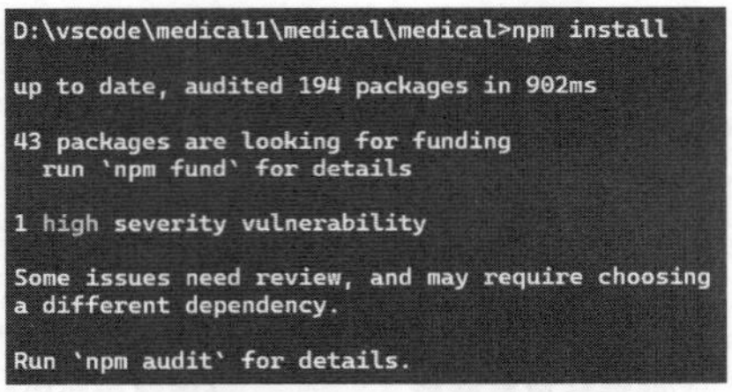

图 18-3　安装依赖

运行 npm install 命令，安装后的内容显示如下。

```json
{
  "name": "spark - web - js",
  "private": true,
  "version": "0.0.1",
  "type": "module",
  "scripts": {
    "dev": "vite",
    "build": "vite build",
    "preview": "vite preview"
  },
  "dependencies": {
    "@icon - park/vue - next": "^1.4.2",
    "base - 64": "^1.0.0",
    "crypto - js": "^4.2.0",
    "element - plus": "^2.5.3",
    "highlight.js": "^11.9.0",
    "katex": "^0.16.9",
    "lodash": "^4.17.21",
    "markdown - it": "^14.0.0",
    "markdown - it - katex": "^2.0.3",
    "markdown - it - math": "^4.1.1",
    "vue": "^3.3.11",
    "vue - router": "^4.2.5"
  },
  "devDependencies": {
    "@tailwindcss/typography": "^0.5.10",
    "@vitejs/plugin - vue": "^4.5.2",
    "autoprefixer": "latest",
    "postcss": "latest",
    "tailwindcss": "latest",
    "vite": "^5.0.8"
  }
}
```

18.2.4　创建项目

创建项目步骤如下。

在 VS Code 中新建 medical1 文件夹,如图 18-4 所示。

图 18-4 创建文件夹

在下拉菜单选择语言,依次新建.css、.html 和.js 文件,如图 18-5 所示。

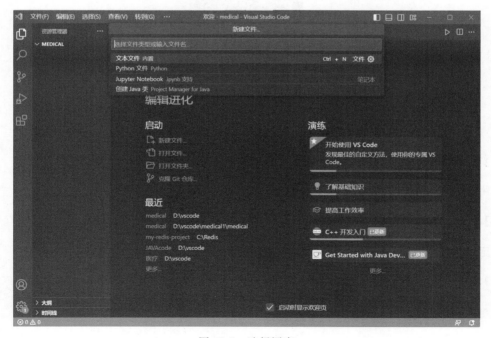

图 18-5 选择语言

18.2.5 大模型 API 申请

大模型 API 申请参见 1.2.6 节。

18.3 系统实现

本项目使用 Vite 搭建 Web 框架,文件结构如图 18-6 所示。

图 18-6 文件结构

18.3.1 头部< head >

定义文档字符的相关代码见"代码文件 18-1"。

18.3.2 样式< style >

定义网页样式的相关代码见"代码文件 18-2"。

18.3.3 主体< body >

与大模型进行通信的相关代码见"代码文件 18-3"。

18.3.4 main.js 脚本

main.js 脚本主要用来设置变量,相关代码见"代码文件 18-4"。请求参数详情如图 9-5 所示。

18.4 功能测试

本部分包括启动项目、发送问题及响应。

18.4.1 启动项目

进入项目文件夹:在目录导航栏输入 cmd,如图 18-7 所示。

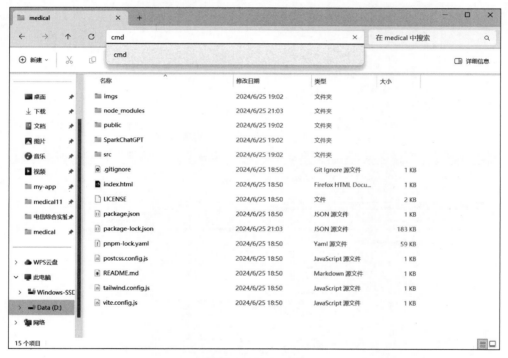

图 18-7 输入 cmd

运行程序 npm run dev,如图 18-8 所示。

单击终端中显示的网址 URL,进入聊天窗口,如图 18-9 所示。

18.4.2 发送问题及响应

向大模型提问:偏头痛的治疗方法。收到的答案显示在文本框内,如图 18-10 所示。

图 18-8　运行程序

图 18-9　聊天窗口

图 18-10　发送问题及响应

项目 19

封 面 生 成

本项目基于 HTML 结构内容，使用 CSS 进行样式设计，引用 JavaScript 建立数据逻辑与交互，根据讯飞星火图片生成模型，调用开放的 API，实现对微信公众号推文封面一键生成。

19.1　总体设计

本部分包括整体框架和系统流程。

19.1.1　整体框架

整体框架如图 19-1 所示。

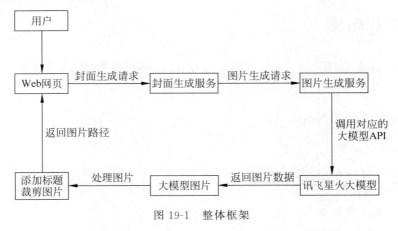

图 19-1　整体框架

19.1.2　系统流程

系统流程如图 19-2 所示。

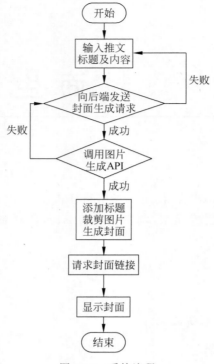

图 19-2　系统流程

19.2　开发环境

本节介绍 Node.js 和 VS Code 的安装过程,给出环境配置、创建项目及大模型 API 的申请步骤。

19.2.1　安装 Node.js

安装 Node.js 参见 1.2.1 节。

19.2.2　安装 VS Code

安装 VS Code 参见 1.2.2 节。

19.2.3　环境配置

环境配置参见 1.2.4 节。

package.json 的文件内容如下。

```
{
  "name": "wecover",
```

```
  "version": "1.0.0",
  "description": "",
  "main": "scripts/index.js",
  "scripts": {
    "server": "node scripts/index.js"
  },
  "author": "",
  "license": "ISC",
  "dependencies": {
    "axios": "^1.6.8",
    "canvas": "^2.11.2",
    "cors": "^2.8.5",
    "express": "^4.19.2",
    "sharp": "^0.33.4",
    "text-to-svg": "^3.1.5"
  }
}
```

运行 npm install 命令，如图 19-3 所示。

图 19-3　安装依赖

19.2.4　创建项目

（1）克隆项目到本地。

```
git clone https://github.com/2820207922/WeCover.git
```

（2）进入项目目录。

```
cd WeCover
```

（3）安装依赖。

```
npm install
```

（4）启动前端。
在 VS Code 中用 live server 运行 index.html。
（5）启动后端。

```
npm run server
```

（6）在浏览器中查看界面，完成部署如图 19-4 所示。

图 19-4　完成部署

19.2.5　大模型 API 申请

大模型 API 申请参见 1.2.6 节。

19.3　系统实现

本项目使用 Vite 搭建 Web 框架，文件结构如图 19-5 所示。

图 19-5　文件结构

19.3.1　头部< head >

定义文档字符的相关代码见"代码文件 19-1"。

19.3.2　样式< style >

定义网页样式的相关代码见"代码文件 19-2"。

19.3.3　主体< body >

与大模型进行通信的相关代码见"代码文件 19-3"。

19.3.4　main. js 脚本

main. js 脚本用于向后端发出封面生成请求和封页列表获取请求。相关代码见"代码文件 19-4"。

19.3.5　index.js 脚本

index.js 脚本用于响应前端封页生成请求。相关代码见"代码文件 19-5"。

19.4　功能测试

本部分包括启动项目、生成封面。

19.4.1　启动项目

进入 WeCover 文件夹，如图 19-6 所示。

图 19-6　进入 WeCover 文件夹

在 VS Code 中运行 index.html，如图 19-7 所示。

图 19-7　运行网页

前端预览界面如图 19-8 所示。

图 19-8　前端预览界面

在终端中运行 npm run server，如图 19-9 所示。

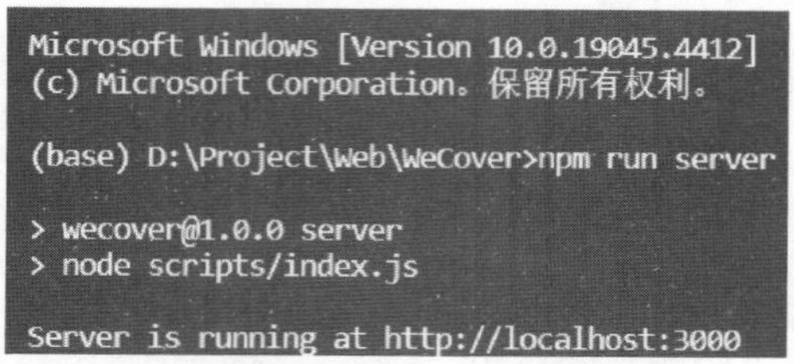

Microsoft Windows [Version 10.0.19045.4412]
(c) Microsoft Corporation。保留所有权利。
(base) D:\Project\Web\WeCover>npm run server
> wecover@1.0.0 server
> node scripts/index.js
Server is running at http://localhost:3000

图 19-9　终端运行

19.4.2　生成封面

输入推送标题及文本，如图 19-10 所示。

标题
花灯如昼，万家平安
文本
火树银花元夕夜，彩灯万盏熠霞流。明月高悬，
生成封面

图 19-10　输入推送标题及文本

单击生成封面，如图 19-11 所示。

WECOVER
花灯如昼
互联网+
"以青春之名，赴家乡之约"
北京邮电大学信息与通信工程学院
"信通鸿雁情"
教育发展基金
标题
请输入标题
文本
请输入文本
生成封面

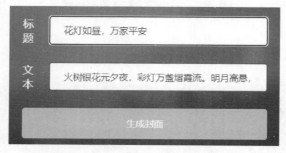

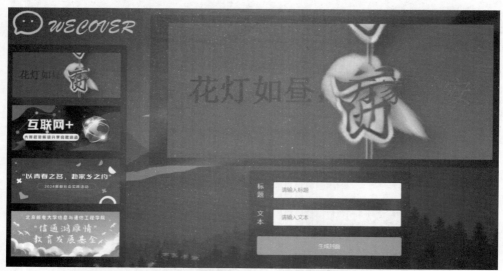

图 19-11　生成封面

项目 20

智 能 配 色

本项目基于单页应用(Single Page Application,SPA),通过 Vue.js 框架构建前端界面,使用 Node.js 进行后端服务搭建,引用 JavaScript 建立数据逻辑与交互。根据讯飞星火认知大模型 v1.5,调用开放的 API,分析用户描述或图片,提供专业的配色方案。

20.1 总体设计

本部分包括整体框架和系统流程。

20.1.1 整体框架

整体框架如图 20-1 所示。

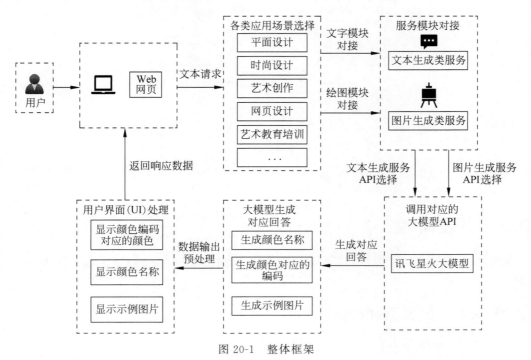

图 20-1 整体框架

20.1.2 系统流程

系统流程如图 20-2 所示。

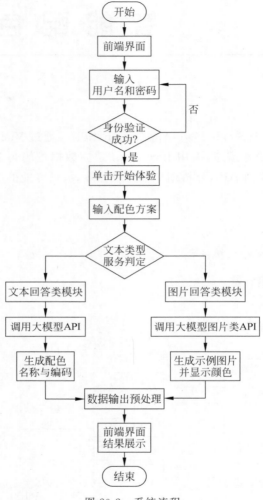

图 20-2 系统流程

20.2 开发环境

本节介绍 Node.js 和 pnpm 的安装过程,给出环境配置、创建项目及大模型 API 的申请步骤。

20.2.1 安装 Node.js

安装 Node.js 参见 1.2.1 节。

20.2.2　安装 pnpm

安装 pnpm 参见 1.2.3 节。

20.2.3　环境配置

环境配置参见 1.2.4 节。

package.json 的文件内容如下。

```json
{
  "name": "xinghuo_demo",
  "private": true,
  "version": "0.0.0",
  "type": "module",
  "scripts": {
    "dev": "vite",
    "build": "vite build",
    "preview": "vite preview"
  },
  "dependencies": {
    "vue": "^3.3.4",
    "base-64": "^1.0.0",
    "crypto-js": "^4.1.1",
    "fast-xml-parser": "^4.2.6",
    "utf8": "^3.0.0"
  },
  "devDependencies": {
    "@vitejs/plugin-vue": "^4.2.3",
    "vite": "^4.4.5"
  }
}
```

运行 pnpm install 命令,安装后显示内容如下。

```
PS D:\桌面\xinghuo_project\xinghuo_demo > pnpm install
Packages: +5
+++++
Progress: resolved 56, reused 34, downloaded 0, added 5, done
dependencies:
 + base-64 1.0.0
 + crypto-js 4.1.1
 + fast-xml-parser 4.2.6 (4.2.7 is available)
 + utf8 3.0.0
Done in 1.8s
```

20.2.4　创建项目

创建项目步骤如下。

（1）新建项目文件夹，进入文件夹后打开 cmd，使用 pnpm create vite 创建项目。

（2）输入项目名称，默认是 vite-project，本项目名称为 xinghuo_demo，然后选择项目框架、VUE 以及 JavaScript 语言。

① Project name：... xinghuo_demo。

② Select a framework：》Vue。

③ Select a variant：》JavaScript。

④ Scaffolding project in D:\桌面\xinghuo_project\xinghuo_demo...

（3）按照提示的命令运行即可启动项目，其中 pnpm install 是构建项目，pnpm run dev 是运行项目。

```
cd xinghuo_demo
pnpm install
pnpm run dev
VITE v4.4.5 ready in 1066 ms
Local: http://localhost:5173/
Network: use -- host to expose
press h to show help
```

（4）初始化界面如图 1-22 所示。

20.2.5　大模型 API 申请

大模型 API 申请参见 1.2.6 节。

20.3　系统实现

本项目使用 Vite 搭建 Web 框架，文件结构如图 20-3 所示。

20.3.1　头部< head >

定义文档字符的相关代码见"代码文件 20-1"。

20.3.2　样式< style >

定义网页样式的相关代码见"代码文件 20-2"。

20.3.3　主体< body >

与大模型进行通信的相关代码见"代码文件 20-3"。

图 20-3　文件结构

20.3.4　main. js 脚本

main. js 脚本主要用来设置变量。相关代码见"代码文件 20-4"。请求参数详情如图 9-5 和图 20-4 所示。

图 20-4　图片生成请求参数详情

20.3.5　首页界面

字符集、视口设置和导航栏的相关代码见"代码文件 20-5"。

20.4　功能测试

本部分包括启动项目、发送问题及响应。

20.4.1　启动项目

（1）进入项目文件夹。

（2）运行项目程序：npm run dev。

（3）单击网页 index.html 进入首页。

（4）单击 start 进入提问界面。

（5）单击终端中显示的网址 URL，进入网页。

（6）终端启动结果如图 20-5 所示，首页网页如图 20-6 所示，提问界面如图 20-7 所示。

图 20-5　终端启动结果

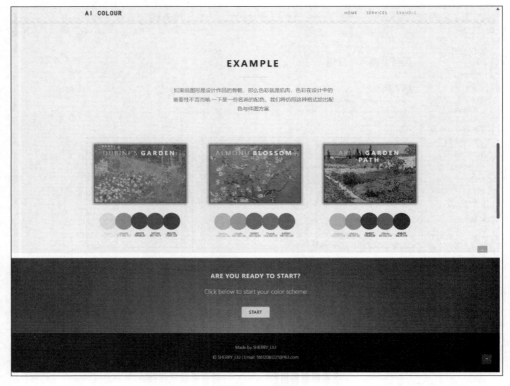

图 20-6 首页

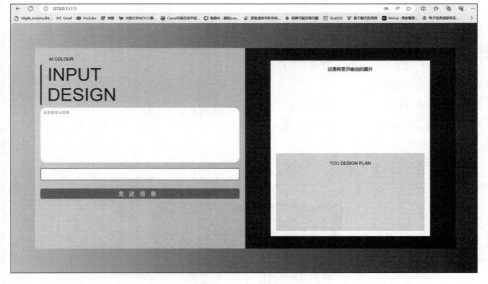

图 20-7 提问界面

20.4.2　发送问题及响应

向大模型提问：画一幅阴天海边的画，单击"发送信息"按钮或按下 Enter 键后，收到的答案显示在方框内，如图 20-8 所示。

图 20-8　发送问题及响应

项目 21

宠 物 医 师

本项目基于 Uni-App 框架，根据讯飞星火认知大模型 v3.5，调用开放的 API，实现宠物医师问答。

21.1 总体设计

本部分包括整体框架和系统流程。

21.1.1 整体框架

整体框架如图 21-1 所示。

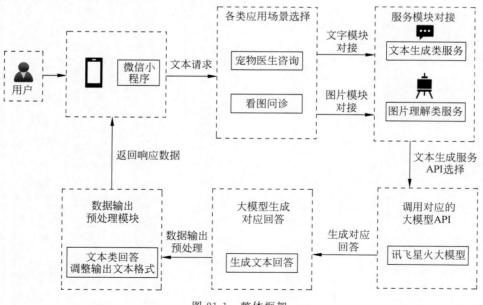

图 21-1 整体框架

21.1.2 系统流程

系统流程如图 21-2 所示。

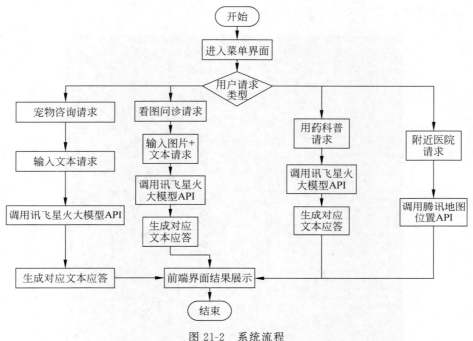

图 21-2 系统流程

21.2 开发环境

本节介绍 Node.js、pnpm、VS Code 和微信开发者工具的安装过程,给出环境配置、创建项目和大模型 API 的申请步骤。

21.2.1 安装 Node.js

安装 Node.js 参见 1.2.1 节。

21.2.2 安装 VS Code

安装 VS Code 参见 1.2.2 节。

21.2.3 安装 pnpm

安装 pnpm 参见 1.2.3 节。

21.2.4 安装微信开发者工具

安装微信开发者工具参见 10.2.1 节。

21.2.5 环境配置

项目所需依赖环境配置主要记录在 package.json 及 pnpm-lock.yaml 文件内。运行 pnpm install 命令安装后显示如图 21-3 所示。

图 21-3 环境配置

21.2.6 创建项目

创建项目步骤如下。

（1）全局安装：npm install -g @vue/cli。

（2）创建项目：vue create -p dcloudio/uni-preset-vue demo。

（3）启动项目如图 21-4 所示。

① 使用 cd 命令转到 demo 文件夹下；②pnpm run build：mp-weixin。

图 21-4 启动项目

（4）导入项目：打开微信小程序开发者工具，导入路径，输入测试号，单击完成，如图 21-5 所示；项目界面如图 21-6 所示。

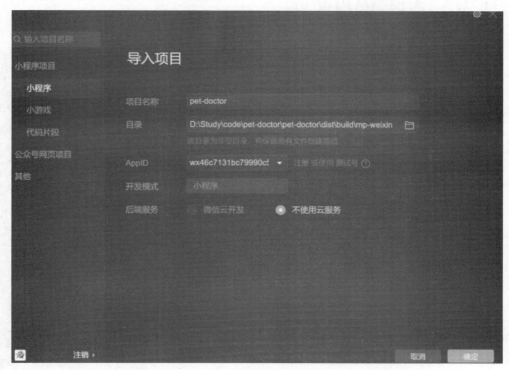

图 21-5 导入项目

图 21-6　项目界面

21.2.7　大模型 API 申请

大模型 API 申请参见 1.2.6 节。

21.3　系统实现

本项目使用 Vite 搭建 Web 框架,文件结构如图 21-7
所示。

21.3.1　宠物用药

本部分定义界面结构、项目列表和样式。

1.＜template＞标签

在模板中,有 project-list 的 div 元素,其包含 v-for 循环,
用于遍历 projects 数组中的每个项目,并渲染出项目图标、标
题和描述。相关代码见"代码文件 21-1"。

2.＜script＞标签

＜script＞标签定义 Vue 组件。其中 data 函数返回一个
对象,包含项目列表的数据。每个项目都有一个主标题、一个
副标题和一个图标的路径。这些数据被用在界面中显示每个
项目的信息。onLoad 函数是生命周期钩子函数,在组件加载
时执行。methods 对象用来定义组件方法。通过 v-for 指令

图 21-7　文件结构

在界面中遍历并显示每个项目的信息。相关代码见"代码文件21-2"。

3．＜style＞标签

设置项目列表为垂直方向的Flex布局,并对项目条目添加边框、阴影和间距。相关代码见"代码文件21-3"。

21.3.2　看图问诊界面

本部分介绍template、script和style标签的功能。

1．＜template＞标签

通过输入文字或上传图片与助手进行交互,并且能够查看历史聊天记录。相关代码见"代码文件21-4"。

2．＜script＞标签

与后端服务器建立WebSocket连接,在发送消息与人工智能助手中进行交互,并将交互记录展示在界面上。相关代码见"代码文件21-5"。

3．＜style＞标签

定义小程序的背景色、对话框样式、输入栏样式及清除按钮样式的相关代码见"代码文件21-6"。

21.3.3　附近医院界面

(1) 调用腾讯地图API,实现获取当前的位置信息,并根据关键字搜索附近的宠物医院。

(2) 调用GetLocation函数获取当前位置信息。

(3) 调用腾讯地图API,将坐标转换为地址信息,并更新当前位置信息。

(4) OnSearch函数根据Keyword和当前GPS信息构造请求URL,调用腾讯地图API进行搜索,并将搜索结果存储在pois中。

(5) GetImageByIndex函数根据index索引位置返回对应的图片路径。

相关代码见"代码文件21-7"。

21.4　功能测试

本部分包括启动项目、发送问题及响应。

21.4.1　启动项目

(1) 进入项目文件夹。

(2) 运行项目程序:使用下面的命令打包微信小程序文件。

```
pnpm run build:mp－weixin
```

或

```
npm run build:mp‑weixin
```

（3）在微信开发者工具中导入小程序项目。

（4）项目目录选择 pet-doctor\dist\build\mp-weixin。

（5）终端启动结果如图 21-8 所示，聊天窗口如图 21-9 所示。

图 21-8　终端启动结果

看图问诊如图 21-10 所示，宠物用药如图 21-11 所示，附近医院如图 21-12 所示。

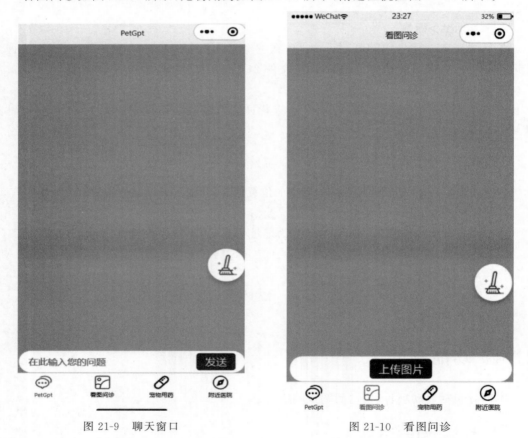

图 21-9　聊天窗口　　　　　　　　图 21-10　看图问诊

21.4.2　发送问题及响应

向大模型提问：我的狗吐了怎么办。收到的答案显示在文本框内，如图 21-13 所示。

单击上传图片，在文本框输入问题：我的狗鼻子怎么了。收到的答案显示在文本框内，如图 21-14 所示。

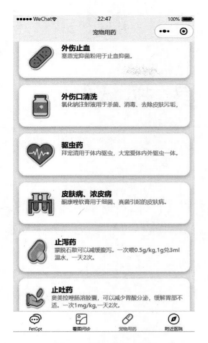

图 21-11 宠物用药

图 21-12 附近医院

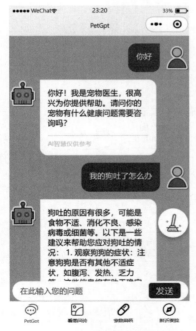

图 21-13 发送问题及响应

图 21-14 图片理解与回复

项目 22

健 身 规 划

本项目基于 HTML 结构内容,使用 CSS 进行样式设计,引用 JavaScript 建立数据逻辑与交互,根据讯飞星火认知大模型 v3.5 调用开放的 API,经过后端文本数据处理后进行健身规划,并提供用户可视化日历以及计划清单。

22.1　总体设计

本部分包括整体框架和系统流程。

22.1.1　整体框架

整体框架如图 22-1 所示。

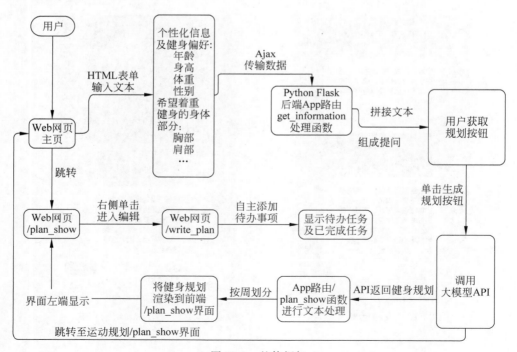

图 22-1　整体框架

22.1.2　系统流程

系统流程如图 22-2 所示。

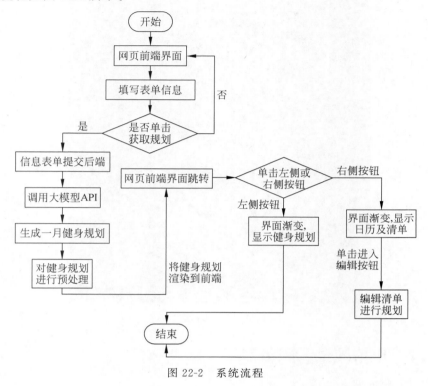

图 22-2　系统流程

22.2　开发环境

本节介绍项目创建、申请阿里云服务器、安装宝塔 Linux 面板、部署宝塔 Linux 面板、运行项目及大模型 API 的申请。

22.2.1　创建项目

创建项目步骤如下。

（1）创建 Python 工程的 Spark_Sport 文件夹。

（2）在该工程中创建名为 Flask 的文件夹用来存储代码。

（3）在 Flask 文件夹下分别创建名为 static 和 templates 的子文件夹，用来保存 CSS、JS 及 HTML 文件。

（4）在 Flask 文件夹下创建 Spark_Sport.py 文件，作为 Flask 网页的后端代码集合，用以调度各 App 路由及前端 HTML 框架。文件结构如图 22-3 所示。

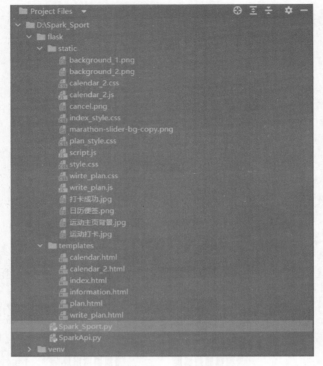

图 22-3　文件结构

22.2.2　申请阿里云服务器

申请阿里云服务器参见图 3-5~图 3-11。

22.2.3　安装宝塔 Linux 面板

阿里云服务器实例详情如图 22-4 所示。

图 22-4　阿里云服务器实例详情

选择通过 Workbench 远程连接，如图 22-5 所示。

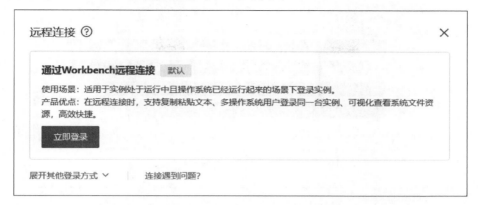

图 22-5　通过 Workbench 远程连接

重新配置登录服务器实例的用户名及密码，如图 22-6 所示。

图 22-6　重新配置登录服务器实例的用户名及密码

登录到云服务器后，执行宝塔面板安装命令，阿里云服务器使用 CentOS 操作系统，如图 22-7 所示，命令如下。

```
yum install － y wget && wget － O install.sh https://download.bt.cn/install/install_6.0.sh &&
sh install.sh ed8484bec
```

完成安装后，进入界面，查询阿里云服务器的 IP 后输入密码进行一键安装，如图 22-8 所示。

选择安装宝塔＋LNMP 环境，如图 22-9 所示。

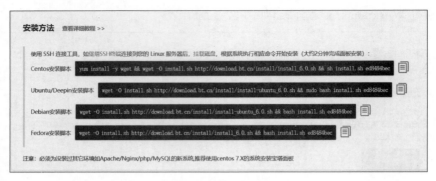

图 22-7　安装宝塔命令行

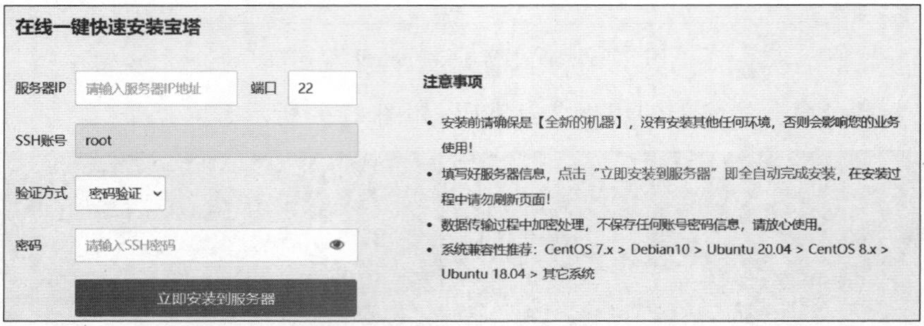

图 22-8　一键安装宝塔

图 22-9　安装宝塔＋LNMP 环境

进入宝塔面板如图 22-10 所示。

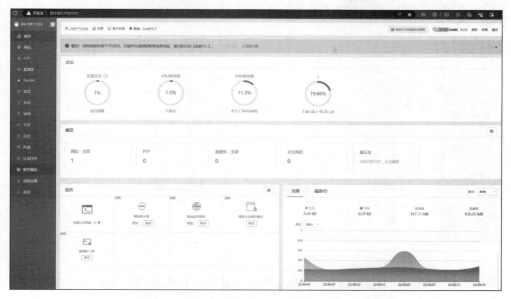

图 22-10　宝塔面板主页

单击软件商店,下载 Python 项目管理器及进程守护管理器,如图 22-11 所示。

图 22-11　下载管理器

22.2.4　部署宝塔 Linux 面板

选择宝塔主页文件,新建一个文件夹,用来上传本地 Flask 项目。

图 22-12　新建文件夹

从本地上传 Flask 文件压缩包,并在宝塔文件夹中进行解压,如图 22-13 所示。

图 22-13　上传 Flask 项目

单击网站,添加 Python 项目(选择阿里云服务器安全组中开放后的端口),如图 22-14 所示。

单击确认后完成部署,通过访问 http://59.110.1.113:5656/5656 端口进行服务器通信,如图 22-15 所示。

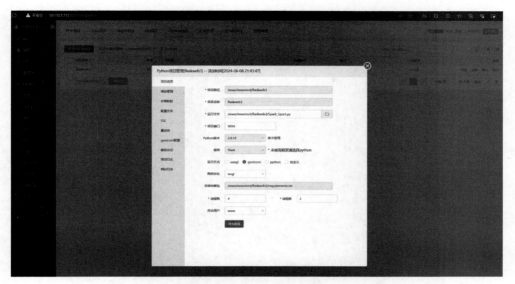

图 22-14　添加 Python 项目

图 22-15　完成部署

22.2.5　运行项目

运行项目步骤如下。

（1）通过 PyCharm 打开本地项目文件夹 Spark_Sport，Spark_Sport.py 文件中需要配置 Flask App 的参数，如图 22-16 所示。

```
app = Flask(__name__, static_folder='static', static_url_path='/static')
app.config['SESSION_TYPE'] = 'filesystem'
app.config['SECRET_KEY'] = os.urandom(24)
```

图 22-16　配置参数

（2）由 App. route 路由及其处理函数构成整个 Flask 框架的逻辑后端，如图 22-17 所示。

```python
@app.route('/plan_show', methods=['POST'])
def plan_show():
    if request.method == "POST":
        question = checklen(getText("user",input_content))
        SparkApi.answer = ""
        print("星火:",end="")
        SparkApi.main(appid, api_key, api_secret, Spark_url, domain, question)
        # print(SparkApi.answer)
        global answer_content
        answer_content = getText("assistant", SparkApi.answer)
        global plan
        plan = answer_content[2]['content']
        print(plan)

        # 将计划按周分割
        weeks = plan.split("第")
        # 去除空字符串和第一个元素
        weeks = [week.strip() for week in weeks[1:] if week]

    else:
        pass

    return render_template('plan.html', plan=plan, weeks=weeks)
```

图 22-17　路由示例

22.2.6　大模型 API 申请

大模型 API 申请参见 1.2.6 节。

22.3　系统实现

本系统采用 Flask 搭建 Web 框架，文件结构如图 22-18 所示。

22.3.1　默认主页

访问项目网址时，默认在前端渲染 information. html 模版。相关代码见"代码文件 22-1"。

22.3.2　获取信息路由

获取前端用户填写的个人信息，并将用户的个人数据拼接成 question 字符串存储在 input_content 中，以便后续调用 API。相关代码见"代码文件 22-2"。

22.3.3　主要功能

实现大模型 API 的调用、对大模型返回的运动规划按周进行分割并渲染到前端，并切换前端网页模版为 plan. html。相关代码见"代码文件 22-3"。

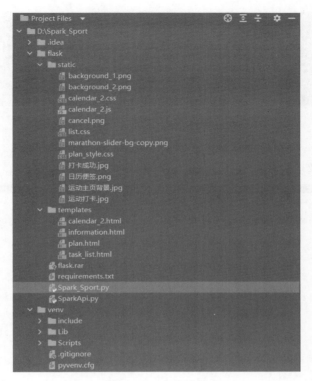

图 22-18　文件结构

22.3.4　任务清单路由

实现当前端单击"编辑任务清单"按钮后，跳转至界面/write_plan，此时前端渲染模版替换为 task_list.html。相关代码见"代码文件 22-4"。

22.3.5　调用大模型 API

用户通过填写 AppID，设置期望模型回答的参数以及添加问题实现模型 API 的调用。相关代码见"代码文件 22-5"。

22.4　功能测试

本项目主要功能包括启动项目、填写个人信息表单、生成健身规划、查看日历并进行日程规划。

22.4.1　启动项目

本地启动：在 Python 集成开发环境 PyCharm 中运行 Spark_Sport.py，如图 22-19 所示。

图 22-19　在 PyCharm 中运行 Spark_Sport.py

用宝塔面板提供的公网访问 http://59.110.1.113:5656/，如图 22-20 所示；公网访问 Flask 项目如图 22-21 所示。

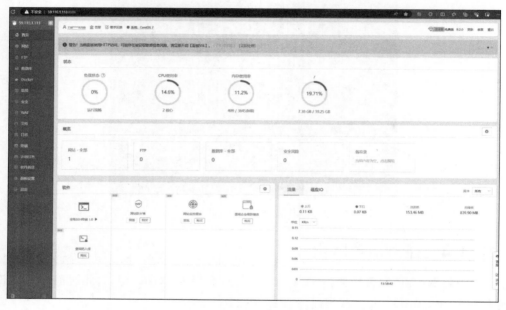

图 22-20　宝塔面板网址查看

图 22-21　公网访问 Flask 项目

22.4.2　发送问题及响应

单击"进入一月星火运动"后出现翻转动画,并显示出信息表单,填写个人信息,如图 22-22 所示。

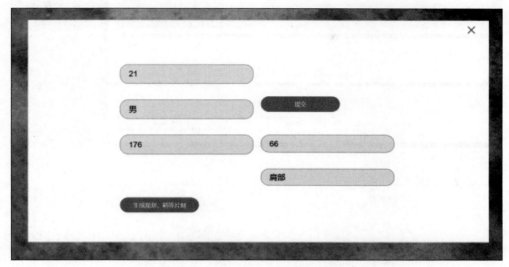

图 22-22　个人信息表单填写

智能运动规划详情与运动日历便签界面如图 22-23 所示;运动规划如图 22-24 所示;运动日历便签如图 22-25 所示。

图 22-23　智能运动规划详情与运动日历便签界面

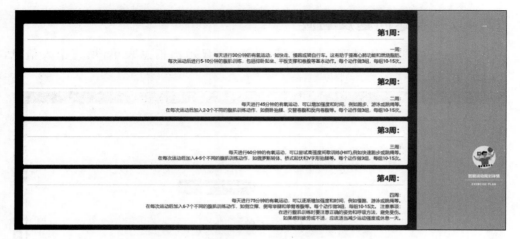

图 22-24　运动规划

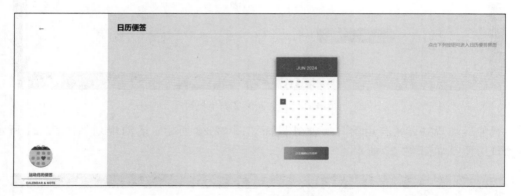

图 22-25　运动日历便签

日历通过左右箭头切换月份,并将当日日期设置为高亮,如图 22-26 所示。

图 22-26　可视化日历

单击"编辑任务清单"按钮，跳转到 write_plan 路由进行任务添加、任务删除、任务完成的标记，如图 22-27～图 22-31 所示。

图 22-27　任务清单

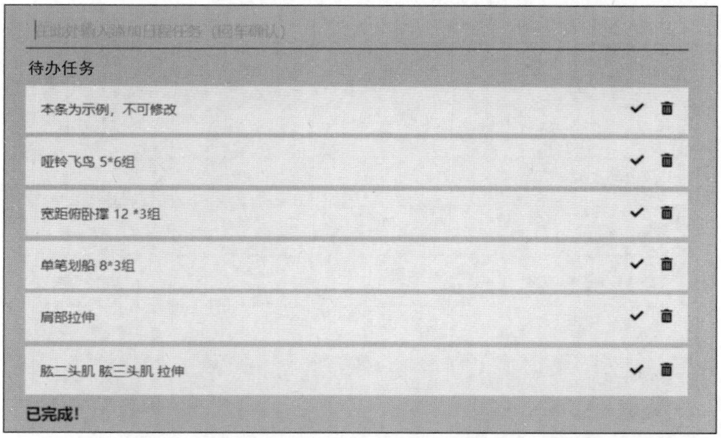

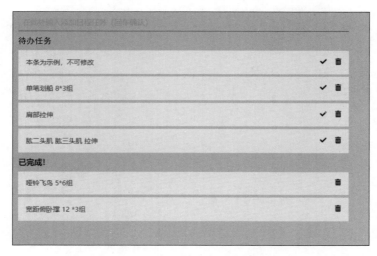

图 22-28　添加任务

图 22-29　添加哑铃飞鸟及宽距俯卧撑

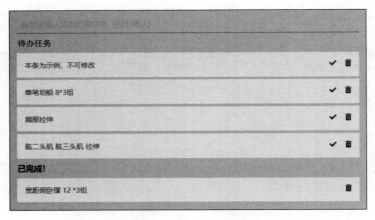

图 22-30　删除哑铃飞鸟任务

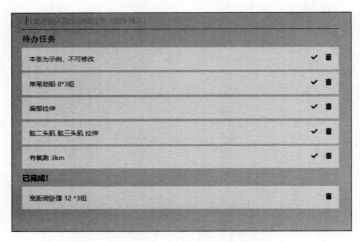

图 22-31　添加有氧跑任务

项目 23

对话式游戏

本项目基于 HTML 结构内容，使用 CSS 进行样式设计，通过前端框架 Vue 进行组件式开发，引用 JavaScript 建立数据逻辑与交互，根据讯飞星火认知大模型 v3.5，调用开放的 API，实现对话式 RPG 游戏。

23.1　总体设计

本部分包括整体框架和系统流程。

23.1.1　整体框架

整体框架如图 23-1 所示。

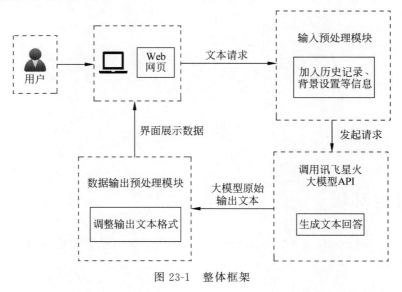

图 23-1　整体框架

23.1.2　系统流程

系统流程如图 23-2 所示。

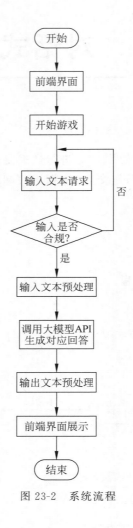

图 23-2　系统流程

23.2　开发环境

本节介绍 NVM、Node.js 和 PyCharm 的安装过程，给出环境配置、创建项目及大模型 API 的申请步骤。

23.2.1　安装 NVM

如果已经安装 Node.js，需要先卸载 Node.js。

在 GitHub 中获取 NVM 安装包。单击 nvm-setup.exe 进行下载，如图 23-3 所示。

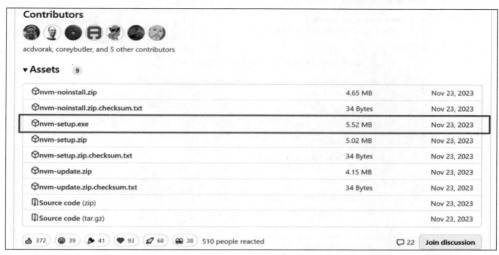

图 23-3　下载 NVM 安装包

双击运行 nvm-setup.exe，勾选接受协议后单击 Next 按钮，如图 23-4 所示。

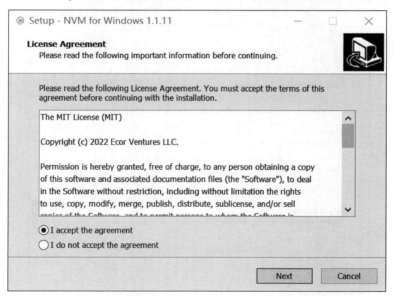

图 23-4　运行 nvm-setup.exe

设置 NVM 安装路径，单击 Next 按钮，如图 23-5 所示。

设置 Node.js 安装路径，单击 Next 按钮，如图 23-6 所示。

确认设置无误后单击 Install 按钮，如图 23-7 所示。

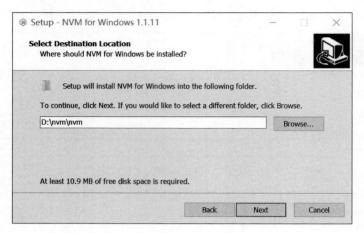

图 23-5　设置 NVM 安装路径

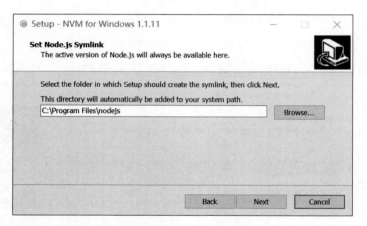

图 23-6　设置 Node.js 安装路径

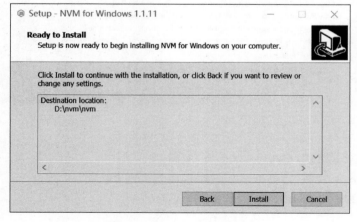

图 23-7　确认设置后开始安装

打开 cmd,输入 nvm version 并按下 Enter 键,出现版本号则说明安装成功,如图 23-8
所示。

图 23-8　确认 NVM 安装成功

23.2.2　使用 NVM 安装 Node.js

打开 cmd 输入 nvm list available 查看 Node.js 版本,如图 23-9 所示。

CURRENT	LTS	OLD STABLE	OLD UNSTABLE
22.1.0	20.12.2	0.12.18	0.11.16
22.0.0	20.12.1	0.12.17	0.11.15
21.7.3	20.12.0	0.12.16	0.11.14
21.7.2	20.11.1	0.12.15	0.11.13
21.7.1	20.11.0	0.12.14	0.11.12
21.7.0	20.10.0	0.12.13	0.11.11
21.6.2	20.9.0	0.12.12	0.11.10
21.6.1	18.20.2	0.12.11	0.11.9
21.6.0	18.20.1	0.12.10	0.11.8
21.5.0	18.20.0	0.12.9	0.11.7
21.4.0	18.19.1	0.12.8	0.11.6
21.3.0	18.19.0	0.12.7	0.11.5
21.2.0	18.18.2	0.12.6	0.11.4
21.1.0	18.18.1	0.12.5	0.11.3
21.0.0	18.18.0	0.12.4	0.11.2
20.8.1	18.17.1	0.12.3	0.11.1
20.8.0	18.17.0	0.12.2	0.11.0
20.7.0	18.16.1	0.12.1	0.9.12
20.6.1	18.16.0	0.12.0	0.9.11
20.6.0	18.15.0	0.10.48	0.9.10

This is a partial list. For a complete list, visit https://node
js.org/en/download/releases

C:\Users\Delta_T>

图 23-9　查看 Node.js 版本

选择一个版本进行安装,例如 nvm install 20.6.1,如图 23-10 所示。

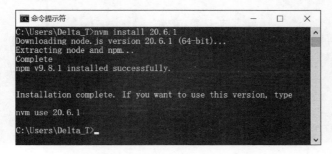

图 23-10　安装指定版本 Node.js

输入 nvm use 20.6.1 以使用该版本 Node.js。

输入 nvm list 可查看已安装的 Node.js 版本（＊号代表当前正在使用的版本）。

输入 node -v 和 npm -v 可以查询当前使用的 Node.js 和 NPM 的版本号，如图 23-11 所示。

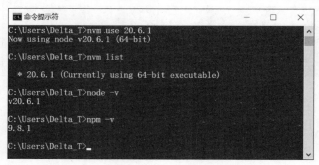

图 23-11　确认 Node.js 安装和配置成功

23.2.3　安装 PyCharm

安装 PyCharm 参见 2.2.2 节。

23.2.4　项目创建

打开 PyCharm 后，按 Ctrl＋Alt＋S，选择插件，在 Marketplace 中搜索 Vue.js，单击安装，如图 23-12 所示。

图 23-12　安装 Vue.js 插件

安装完成后在菜单中单击文件→新建项目,单击 Vue. js,设置项目路径,展开更多设置,设置 Node 解释器为此前安装的 Node. js,单击创建,如图 23-13 所示。

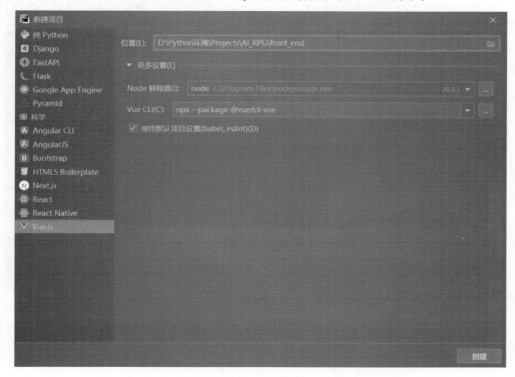

图 23-13 创建项目

23.2.5 大模型 API 申请

大模型 API 申请参见 1.2.6 节。

23.3 系统实现

本项目使用 Vue 搭建 Web 项目,文件结构如图 23-14 所示。

23.3.1 App. vue

根组件内容的相关代码见"代码文件 23-1"。

23.3.2 Default. css

界面样式的相关代码见"代码文件 23-2"。

23.3.3　MainMenu.vue

跳转到其他界面的相关代码见"代码文件 23-3"。

23.3.4　GamePlay.vue

接收用户输入及显示游戏内容的相关代码见"代码文件 23-4"。

23.3.5　StoryBlock.vue

将故事对象中的每条记录用 StoryRecord 子组件展示到界面上，相关代码见"代码文件 23-5"。

23.3.6　StoryRecord.vue

单一故事记录界面样式的相关代码见"代码文件 23-6"。

23.3.7　SparkModel.js

大模型接口调用类，主要使用 BindOutFunc 函数绑定当前大模型进行输出处理，以及使用 Start 函数与大模型对话，相关代码见"代码文件 23-7"。

23.3.8　story.js

TextAnimation 类用于实现文字显示的动画，Record 类用于显示单一故事记录，Story 类用于显示历史记录及当前记录，BaseDialog 类是基础对话类，可实现与大模型进行带记忆的基础对话，GameDialog 是 BaseDialog 类的子类，在父类的基础上加入游戏流程控制的方法，作为具体游戏逻辑的最终实现。相关代码见"代码文件 23-8"。

图 23-14　文件结构

23.4　功能测试

本部分包括启动项目、发送问题及响应。

23.4.1　启动项目

PyCharm 打开项目后单击 ▶ 图标，如图 23-15 所示。

终端启动结果，如图 23-16 所示；网页显示效果如图 23-17 所示。

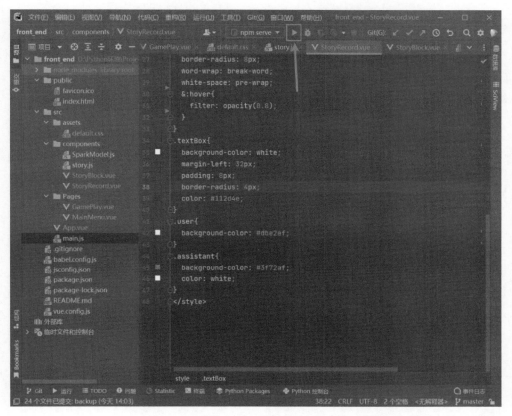

图 23-15　启动项目

图 23-16　终端启动结果

图 23-17　网页显示效果

23.4.2　发送问题及响应

单击"新的故事"后进入游玩界面,用户输入文本,单击"发送"按钮后由大模型生成回答并展示在方框内,如图 23-18~图 23-20 所示。

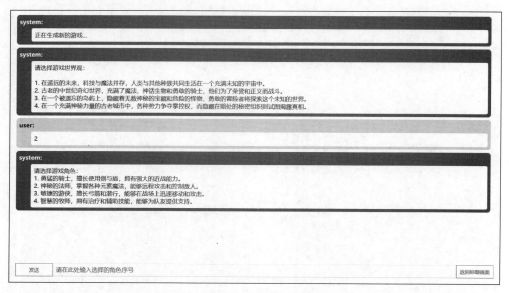

图 23-18　发送问题及响应(1)

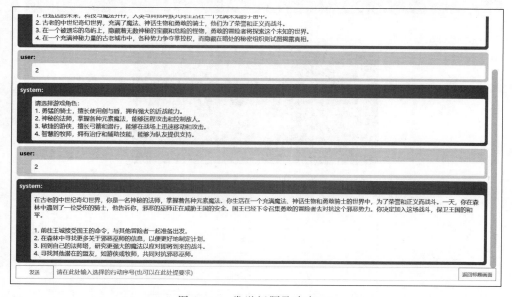

图 23-19　发送问题及响应(2)

图 23-20 发送问题及响应（3）

项目 24

文 献 阅 读

本项目前端使用微信开发者工具,后端使用 Spring Boot 框架,基于 WXSS 进行样式设计,通过 MyBatis-Plus 进行数据库管理,引用 JavaScript 建立数据逻辑与交互,根据讯飞星火认知大模型 v3.5,调用开放的 API,实现文献综述、对比、细节追问等。

24.1 总体设计

本部分包括整体框架和系统流程。

24.1.1 整体框架

整体框架如图 24-1 所示。

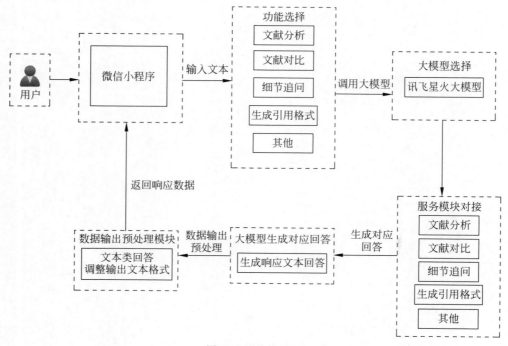

图 24-1 整体框架

24.1.2　系统流程

系统流程如图 24-2 所示。

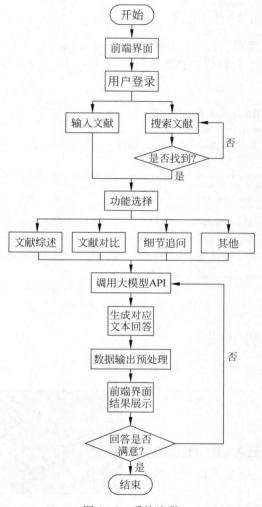

图 24-2　系统流程

24.2　开发环境

本节介绍 JDK1.8 和编译器的安装过程,给出环境配置、创建项目及大模型 API 的申请步骤。

24.2.1　安装 JDK1.8

安装 JDK1.8 参见 5.2.1 节。

24.2.2　环境配置

环境配置参见 5.2.4 节。

24.2.3　Maven 环境配置

Maven 是一个项目管理工具，可以通过编辑 pom.xml 对 Java 项目进行自动化的构建和依赖管理。登录 Maven 官网进行环境下载并解压至任意目录（保证路径不含中文字符），如图 24-3 所示。

Previous Stable 3.8.x Release

Apache Maven 3.8.8 is the previous stable minor release for all users.

Java Development Kit (JDK)	Maven 3.8+ requires JDK 1.7 or above to execute. It still allows you to build against 1.3 and other JDK versions by using toolchains.	

Maven is distributed in several formats for your convenience. Simply pick a ready-made binary distribution archive and follow the installation instructions. Use a source archive if you intend to build Maven yourself.

In order to guard against corrupted downloads/installations, it is highly recommended to verify the signature of the release bundles against the public KEYS used by the Apache Maven developers.

Format	**Binary (Checksum, Signature)**	**Source (Checksum, Signature)**
tar.gz archives	Binary apache-maven-3.8.8-bin.tar.gz (sha512, asc)	Source apache-maven-3.8.8-src.tar.gz (sha512, asc)
zip archives	Binary apache-maven-3.8.8-bin.zip (sha512, asc)	Source apache-maven-3.8.8-src.zip (sha512, asc)

- 3.8.8 Release Notes and Release Reference Documentation
- Distributed under the Apache License, version 2.0

图 24-3　Maven 环境下载

24.2.4　编译器下载

下载 IDEA 编译器，如图 24-4 所示。

图 24-4　下载 IDEA 编译器

24.2.5　创建项目

打开 IDEA 并创建新项目，选择 Spring Boot，编译器会读取下载好的 JDK。选择好项目存放位置即可创建项目，如图 24-5 所示。

添加 Spring Web 依赖，如图 24-6 所示。

图 24-5　创建项目

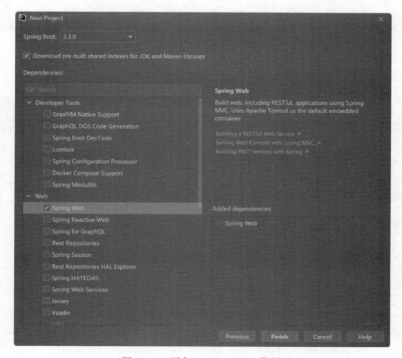

图 24-6　添加 Spring Web 依赖

打开 File/Settings/Build、Execution 和 Deployment/Build Tools/Maven，将 Maven Home Path 设置为本地 Maven 文件夹路径（也可使用 IDEA 平台提供的 Bundled Maven，缺点为速度较慢），单击 Apply 按钮进行应用，如图 24-7 所示。

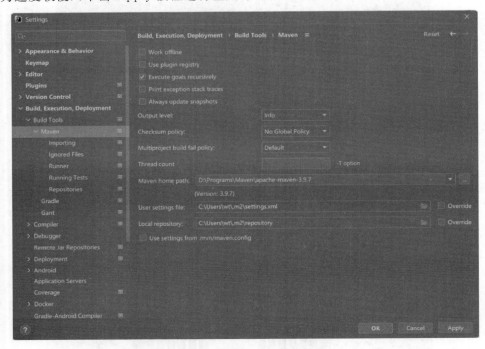

图 24-7　添加 Maven 依赖

创建项目如图 24-8 所示。

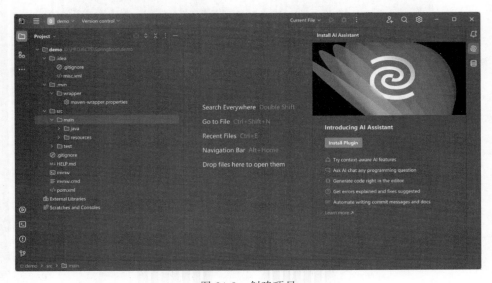

图 24-8　创建项目

24.2.6　微信开发者工具

下载安装微信开发者工具参见 10.2.1 节。

24.2.7　大模型 API 申请

大模型 API 申请参见 1.2.6 节。

24.3　系统实现

前端包括全局配置、文件上传及 WXML、WXSS 和 JavaScript 的编写,引入 Vant 组件,使开发更加方便简单。

24.3.1　全局配置

定义界面路径、设置底部导航栏和小程序窗口配置的相关代码见"代码文件 24-1"。小程序 Tabbar 如图 24-9 所示。

图 24-9　小程序 Tabbar

图 24-10　读取本地文件

24.3.2　文件上传

读取本地文件如图 24-10 所示。

24.3.3　upload.js

实现初始化界面数据、保存文件至服务器、处理文件上传以及错误处理逻辑的相关代码见"代码文件 24-2"。

24.3.4　upload.wxml

输入文档名、上传文件、提交文件的相关代码见"代码文件 24-3"。

24.3.5　功能选择(tool)

功能选择界面如图 24-11 所示。

24.3.6　tool.js

文件列表获取、对比、内容生成的相关代码见"代码文件 24-4"。

24.3.7　tool.wxml

侧边导航栏、文件选择器、选项条件渲染的相关代码见"代码文件 24-5"。

24.3.8　tool.wxss

界面布局、背景颜色、渲染文本的相关代码见"代码文件 24-6"。

24.3.9　智能问答

文献问答如图 24-12 所示。

图 24-11　功能选择界面

图 24-12　文献问答

24.3.10　AI.js

初始化、输入框值更新与后端通信功能的相关代码见"代码文件 24-7"。

24.3.11　AI.wxml

滚动视图、创建消息列表、消息样式区分、底部输入框的相关代码见"代码文件 24-8"。

24.3.12　AI.wxss

消息发送者样式与聊天区域结构进行渲染的相关代码见"代码文件 24-9"。

24.3.13　my

"我的"界面如图 24-13 所示。

图 24-13　"我的"界面

24.3.14　my.js

处理用户登录的界面逻辑,更新头像、昵称、表单提交的相关代码见"代码文件 24-10"。

24.3.15　my.wxml

表单弹出、输入、提交和信息显示的相关代码见"代码文件 24-11"。

24.3.16　my.wxss

渲染样式的相关代码见"代码文件 24-12"。

24.3.17　后端

项目后端使用 Java 语言编写,基于 Spring Boot 框架,它分为三层:Controller、Service 和 Mapper。Controller 调用 Service 层的具体功能和方法;Service 由 Service 对应的接口和实现类组成,ServiceImpl 实现 Service 的相关接口,并完成业务逻辑处理;Service 调用 Mapper 层的接口,进行业务逻辑应用的处理;Mapper 的接口在对应的 XML 文件中进行配置、实现关联,故 Mapper 层的任务是向数据库发送 SQL 语句,完成数据的处理任务。相关代码见"代码文件 24-13"。

24.4　功能测试

本部分包括启动项目、登录功能、文献上传、文献分析。

24.4.1　启动项目

打开并部署后端 Spring Boot 项目,如图 24-14 所示。

24.4.2　登录功能

进入登录界面,如图 24-15 所示。

进入登录状态,输入昵称和头像,可直接使用微信昵称和读取微信头像,如图 24-16 和图 24-17 所示。

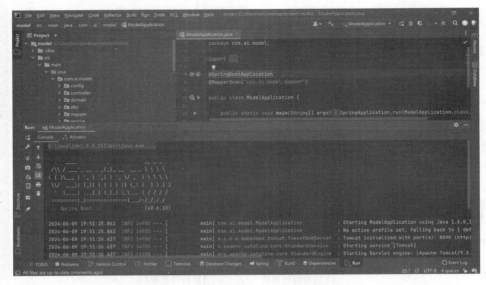

图 24-14　后端 Spring Boot 项目部署

图 24-15　登录界面

图 24-16　输入昵称与
上传头像

图 24-17　自动读取微信
昵称和头像

完成登录后，"我的"界面显示用户头像和昵称，如图 24-18 所示。

单击"确认"按钮即可取消登录状态，如图 24-19 所示。

24.4.3　文献上传

单击"上传文件"按钮，如图 24-20 所示。

图 24-18 "我的"界面

图 24-19 退出登录

图 24-20 上传文件

上传成功如图 24-21 所示。

24.4.4 文献分析

进入功能界面,单击"文献综述"→"请选择文献",在所有已上传文献中选择需要进行分析的文献,如图 24-22 所示。

向大模型提问"FPGA 设计",单击"生成内容"按钮,如图 24-23 所示。

单击"文献整理"后向大模型提问"哈萨克斯坦",然后单击"生成内容"按钮,如图 24-24 所示;细节追问如图 24-25 所示。

图 24-21　上传成功

图 24-22　文献选择

图 24-23　文献综述结果

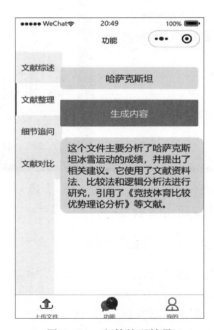

图 24-24　文献整理结果

单击"文献对比"，选择两篇文献，单击"文件对比"按钮，如图 24-26 所示。

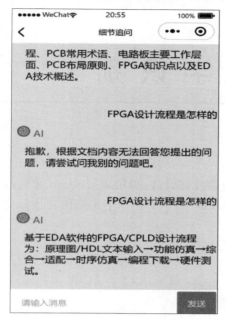

图 24-25　细节追问

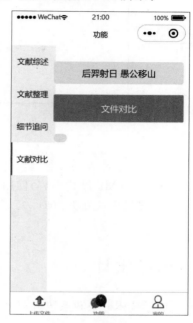

图 24-26　文献对比

项目 25　文字识别

本项目基于 HTML 结构内容，使用 CSS 进行样式设计，引用 JavaScript 建立数据逻辑与交互，根据讯飞星火认知大模型 v3.5，调用开放的 API，对用户上传的图片进行文字识别提取。

25.1　总体设计

本部分包括整体框架和系统流程。

25.1.1　整体框架

整体框架如图 25-1 所示。

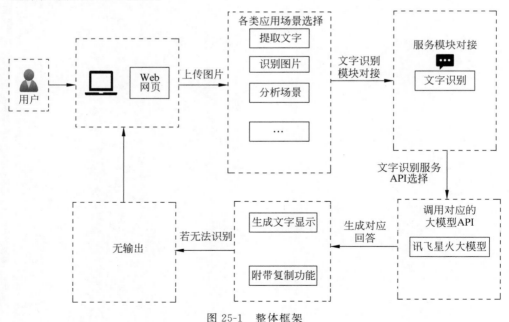

图 25-1　整体框架

25.1.2 系统流程

系统流程如图 25-2 所示。

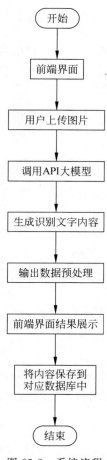

图 25-2 系统流程

25.2 开发环境

本节介绍 Node.js 和 VS Code 的安装过程,给出环境配置、创建项目及大模型 API 的申请步骤。

25.2.1 安装 Node.js

安装 Node.js 参见 1.2.1 节。

25.2.2　安装 VS Code

安装 VS Code 参见 1.2.2 节。

25.2.3　环境配置

环境配置参见 1.2.4 节。package.json 的文件内容见"代码文件 25-1"。

25.2.4　大模型 API 申请

大模型 API 申请参见 1.2.6 节。

25.3　系统实现

本项目使用 Vue 搭建 Web 项目,文件结构如图 25-3 所示。

25.3.1　< index.html >

主界面和搜索界面的相关代码见"代码文件 25-2"。

25.3.2　样式< style >

定义网页样式的相关代码见"代码文件 25-3"。

25.3.3　< Home.vue >

使用 Vue 的组合式 API 和 TypeScript 进行开发,并且集成 Naive 界面组件库和自定义的 API 服务。相关代码见"代码文件 25-4"。

25.3.4　service 文件

存放 API 路径的相关代码见"代码文件 25-5"。

25.3.5　< uni.ts >

通过 registerApp 函数,确保在应用启动时,Naive 界面组件被注册并可以在应用中使用。相关代码见"代码文件 25-6"。

25.3.6　< main.ts >

导入并配置必要的库和模块,包括 Vue、路由和 CSS 样式等。

创建并配置 Vue 应用实例:创建支持服务器渲染的应用实例,设置全局属性,使用状态管理和路由插件。

初始化和监听主题模式:根据用户系统的配色方案(暗色或亮色)

图 25-3　文件结构

设置变量,并且监听配色方案的变化。

注册应用和挂载应用:调用自定义的 RegisterApp 函数进行额外配置,并将应用实例显示到界面。相关代码见"代码文件 25-7"。

25.4　功能测试

本部分包括启动项目、发送问题及响应。

25.4.1　启动项目

(1) 进入项目文件夹:cd XUNFEI-QCR。

(2) 进入子文件夹:cd client。

(3) 运行项目程序:npm run dev。

(4) 进入子文件夹:cd server。

(5) 运行项目程序:npm run start。

(6) 终端启动结果如图 25-4 所示,识别窗口如图 25-5 所示。

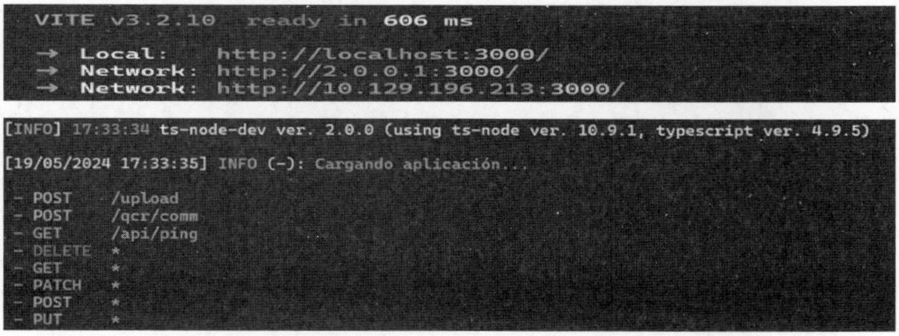

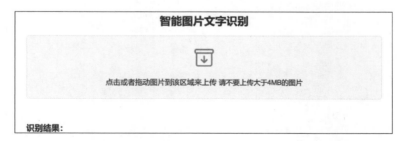

图 25-4　终端启动结果

智能图片文字识别

点击或者拖动图片到该区域来上传 请不要上传大于4MB的图片

识别结果:

图 25-5　识别窗口

25.4.2　发送问题及响应

示例中上传一张图片进行提问,收到的答案显示在文本框内,如图 25-6 所示。

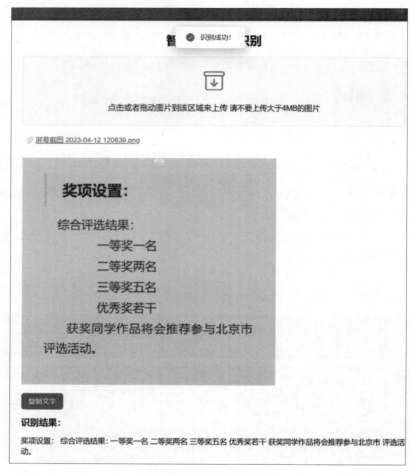

图 25-6　发送问题及响应

项目 26

智 能 桌 游

本项目基于 HTML 结构内容，使用 CSS 进行样式设计，引用 JavaScript 建立数据逻辑与交互，根据讯飞星火认知大模型 v3.1，调用开放的 API，根据用户的描述推荐相应的桌游。

26.1 总体设计

本部分包括整体框架和系统流程。

26.1.1 整体框架

整体框架如图 26-1 所示。

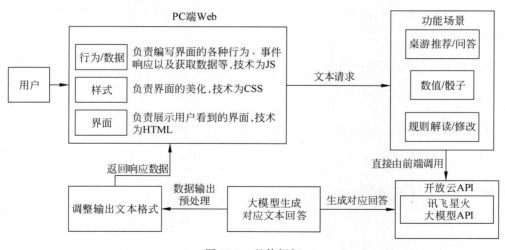

图 26-1 整体框架

26.1.2 系统流程

系统流程如图 26-2 所示。

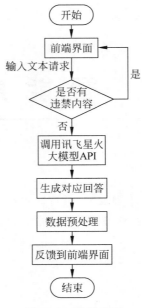

图 26-2　系统流程

26.2　开发环境

本节介绍 Node.js 和 pnpm 的安装过程,给出环境配置、创建项目及大模型 API 的申请步骤。

26.2.1　安装 Node.js

安装 Node.js 参见 1.2.1 节。

26.2.2　安装 pnpm

安装 pnpm 参见 1.2.3 节。

26.2.3　环境配置

环境配置参见 1.2.4 节。

package.json 的文件内容如下。

```
{
    "name": "xinghuo",
    "private": true,
    "version": "0.0.0",
    "type": "module",
```

```
  "scripts": {
    "dev": "vite",
    "build": "vite build",
    "preview": "vite preview"
  },
  "devDependencies": {
    "vite": "^4.4.5"
  },
  "dependencies": {
    "base-64": "^1.0.0",
    "crypto-js": "^4.1.1",
    "fast-xml-parser": "^4.2.6",
    "utf8": "^3.0.0"
  }
}
```

运行 pnpm install 命令,安装后显示的内容如下。

```
PS C:\Users\Antinomyquantum\Desktop\dage\xinghuo-main-2\xinghuo-main> pnpm i
Lockfile is up to date, resolution step is skipped
Packages: +13
+++++++++++++
Progress: resolved 13, reused 13, downloaded 0, added 0, done
node_modules/.pnpm/registry.npmmirror.com+esbuild@0.18.17/node_modules/esbuild: Running
postinstall script, done in 2.4s
devDependencies:
+ vite 4.4.5
Done in 3.1s
```

26.2.4　创建项目

创建项目步骤如下。

(1) 新建项目文件夹,进入文件夹后打开命令提示符,使用 pnpm create vite 创建项目。

(2) 输入项目名称,默认是 vite-project,本项目名称为 xinghuo,然后选择项目框架、VUE 以及 JavaScript 语言。

① Project name：... xinghuo。

② Select a framework：» Vue。

③ Select a variant：» JavaScript。

④ Scaffolding project in C:\Users\Antinomyquantum\Desktop\dage\xinghuo-main-2\xinghuo-main。

(3) 按照提示的命令运行即可启动项目,其中 pnpm install 是构建项目,pnpm run dev 是运行项目。

```
cd xinghuo-main
pnpm install
pnpm run dev
```

```
VITE v4.4.5 ready in 296 ms
Local: http://localhost:80/
Network: http://10.38.75.91:80/
Network: http://10.129.238.2:80/
press h to show help
```

（4）初始化界面如图 1-22 所示。

26.2.5 大模型 API 申请

大模型 API 申请参见 1.2.6 节。

26.3 系统实现

本项目使用 Vite 搭建 Web 项目，文件结构如图 26-3 所示。

26.3.1 头部< head >

定义文档字符的相关代码见"代码文件 26-1"。

26.3.2 样式< style >

定义网页样式的相关代码见"代码文件 26-2"。

26.3.3 主体< body >

与大模型进行通信的相关代码见"代码文件 26-3"。

图 26-3　文件结构

26.3.4 mainV2.js 脚本

mainV2.js 脚本主要用来设置变量，相关代码见"代码文件 26-4"。请求参数详情如图 9-5 所示。

26.4 功能测试

本部分包括启动项目、发送问题及响应。

26.4.1 启动项目

（1）进入项目文件夹：cd xinghuo-main。

（2）运行项目程序：pnpm run dev。

（3）单击终端中显示的网址 URL，进入网页。

（4）终端启动结果如图 26-4 所示，智能桌游助手如图 26-5 和图 26-6 所示。

图 26-4　终端启动结果

图 26-5　智能桌游助手网页上半部分

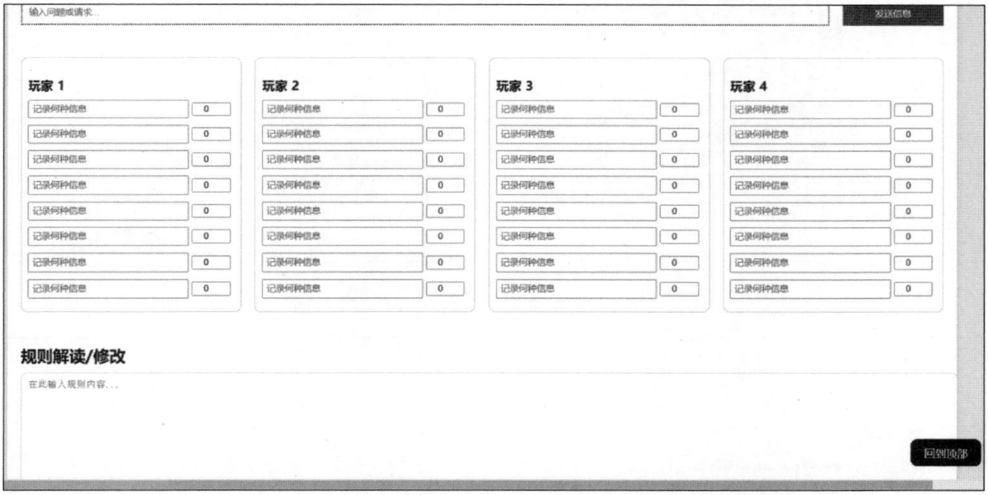

图 26-6　智能桌游助手网页下半部分

26.4.2　发送问题及响应

向大模型提问四个与桌游相关的问题。

（1）我和对手现在的血量是 2000，我场上攻击力为 2300 的"电源码语者"被场上的 "No.94 极冰姬晶零"的效果减半了两次攻击力，此时我攻击对手场上攻击力为 3000 的青眼白龙并发动电源码语者的效果，使这张卡的攻击力只在那次伤害计算时变成原本攻击力的两倍，请问此时场上哪只怪兽会被破坏，双方的血量应该如何变化？

（2）3d6，请给出结果。

（3）我需要一个 5 人游玩，单局时长在 30 分钟左右，以策略、资源规划为主，涉及部分博弈的桌游，请给出一些推荐的结果并作出解释。

（4）有一款桌游，游戏开始时，随机摆放三种地块，玩家选择小人放置在地块上，并且要记住每个小人底下的分数。每位玩家还需要放置两艘小船在空白海域格上。每位玩家的回合包含三个阶段——使用卡牌、移动小人和翻开板块。玩家可以在每回合开始前使用翻开的板块上的卡牌。移动小人时，每回合可以移动三次到相邻格，无论是陆地还是小船（落水小人一次只能移动一格，上船需多消耗一次行动），请问这是哪款桌游？

单击"发送信息"按钮后，收到的答案显示在文本框内，如图 26-7～图 26-10 所示。

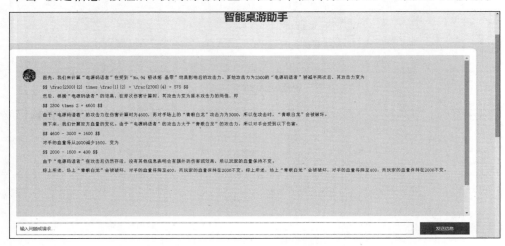

图 26-7　发送问题及响应（1）

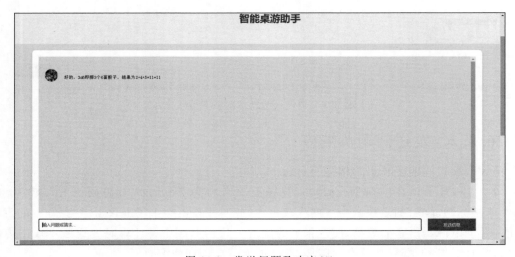

图 26-8　发送问题及响应（2）

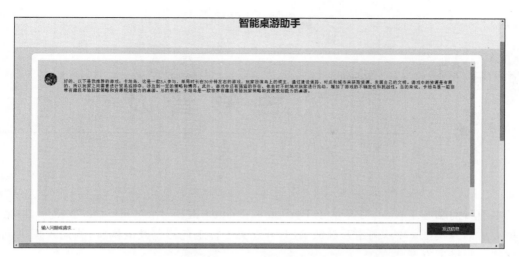

图 26-9 发送问题及响应(3)

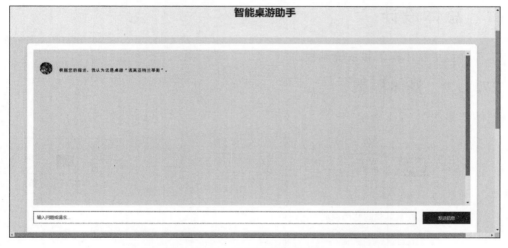

图 26-10 发送问题及响应(4)

项目 27

色 彩 普 及

本项目前端基于 Vue,后端基于 Python 的 Django 框架,结合 MySQL 数据库,根据讯飞星火认知大模型 v3.5,调用开放的 API,开发关于传统色彩普及的网页,为用户提供色彩知识和色彩搭配方案。

27.1 总体设计

本部分包括整体框架和系统流程。

27.1.1 整体框架

整体框架如图 27-1 所示。

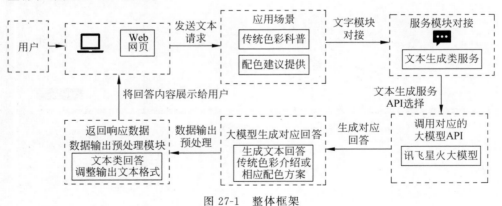

图 27-1 整体框架

27.1.2 系统流程

系统流程如图 27-2 所示。

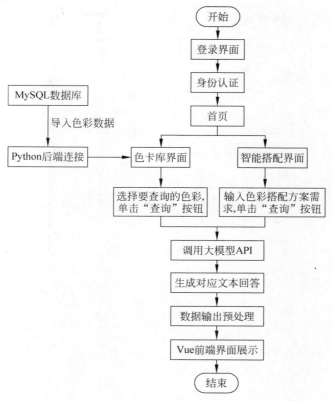

图 27-2　系统流程

27.2　开发环境

本节介绍 Node. js、Conda 和 MySQL 的安装过程,给出环境配置、创建项目及大模型 API 的申请步骤。

27.2.1　安装 Node. js

安装 Node. js 参见 1. 2. 1 节。

npm 通常伴随 Node. js 的安装。

安装全局 Vue:npm install-g vue。

安装 Vue 脚手架:npm install-g vue-cli。

27.2.2　安装 Anaconda

安装 Anaconda 参见 7. 2. 2 节。

27.2.3 安装 MySQL

安装 MySQL 参见 2.2.3 节。

27.2.4 环境配置

后端环境配置使用 pip list --format＝freeze > requirements.txt 命令列出项目依赖的包及其版本。运行 pip install -r requirements.txt 命令安装所有列出的依赖包。

requirements.txt 的文件内容如下。

```
aiohttp == 3.9.5
aiosignal == 1.3.1
annotated - types == 0.6.0
anyio == 4.3.0
asgiref == 3.8.1
async - timeout == 4.0.3
attrs == 23.2.0
certifi == 2024.2.2
channels == 4.1.0
channels - redis == 4.2.0
charset - normalizer == 3.3.2
Django == 4.2.13
django - cors - headers == 4.3.1
djangorestframework == 3.15.1
et - xmlfile == 1.1.0
exceptiongroup == 1.2.1
frozenlist == 1.4.1
h11 == 0.14.0
httpcore == 1.0.5
httpx == 0.27.0
idna == 3.7
jsonpatch == 1.33
jsonpointer == 2.4
msgpack == 1.0.8
multidict == 6.0.5
mysqlclient == 2.2.4
nest - asyncio == 1.6.0
openpyxl == 3.1.2
packaging == 24.0
pip == 24.0
pydantic == 2.7.1
pydantic_core == 2.18.2
python - dotenv == 1.0.1
PyYAML == 6.0.1
redis == 5.0.4
requests == 2.31.0
setuptools == 69.5.1
sniffio == 1.3.1
```

```
spark - ai - python == 0.3.28
sqlparse == 0.4.4
tenacity == 8.3.0
typing_extensions == 4.11.0
tzdata == 2023.3
urllib3 == 2.2.1
websocket - client == 1.8.0
websockets == 12.0
wheel == 0.43.0
yarl == 1.9.4
```

前端所需依赖环境配置主要记录在 package.json 文件中。

package.json 是标准的 Node.js 项目的描述文件，基本信息包括名称、版本、描述和作者等，文件内容如下。

```
{
  "name": "frontend",
  "version": "0.0.0",
  "private": true,
  "type": "module",
  "scripts": {
    "dev": "vite",
    "build": "vite build",
    "preview": "vite preview"
  },
  "dependencies": {
    "axios": "^1.7.2",
    "base - 64": "^1.0.0",
    "crypto - js": "^4.2.0",
    "vue": "^3.4.21",
    "vue - router": "^4.3.2",
    "vuex": "^4.1.0"
  },
  "devDependencies": {
    "@vitejs/plugin - vue": "^5.0.4",
    "sass": "^1.77.4",
    "vite": "^5.2.8"
  }
}
```

27.2.5　创建项目

创建项目步骤如下。

（1）后端创建项目如图 27-3 所示。

（2）前端 Vue 项目搭建如图 27-4 所示。

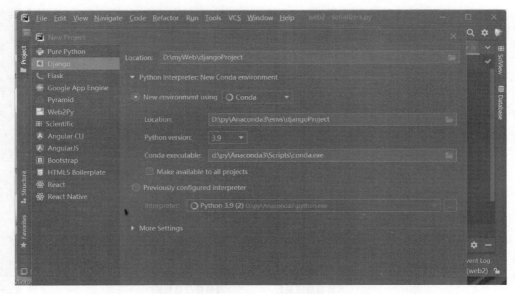

图 27-3　后端创建项目

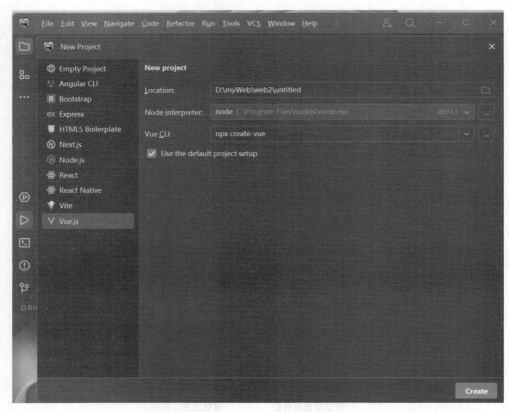

图 27-4　前端 Vue 项目搭建

（3）通过 Python 在 MySQL 中创建列表。在 setting.py 文件中设置 DATABASES＝{}字典，setting.py 文件中对数据库设置如图 27-5 所示。

（4）在 models.py 中创建类，如图 27-6 所示。

图 27-5　settings.py 文件中对数据库设置　　　　图 27-6　在 models.py 中创建类

（5）通过在 terminal 栏分别键入 python manage.py makemigrations 和 python manage.py migrate 指令，在数据库中生成 web_color 表格，如图 27-7 所示。

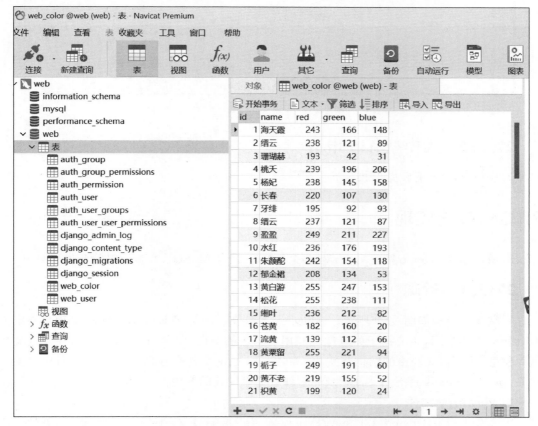

图 27-7　生成 web_color 表格

（6）在数据库中生成 web_user 表格，如图 27-8 所示。

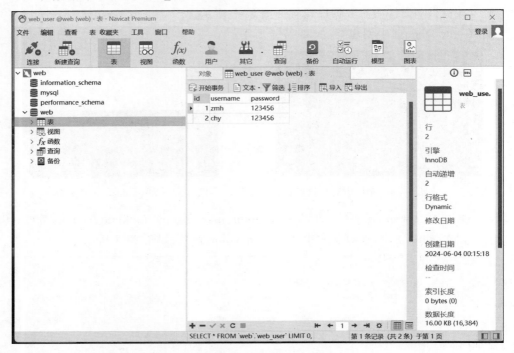

图 27-8　生成 web_user 表格

27.2.6　大模型 API 申请

大模型 API 申请参见 1.2.6 节。

27.3　系统实现

本项目通过 Django 搭建后端，Vue 搭建前端，结合 MySQL 数据库进行开发。

27.3.1　后端

后端文件结构如图 27-9 所示。views.py 文件在 Django REST framework 项目中定义两个基于类的视图，主要用于处理颜色和用户相关的 API 请求；models.py 文件先定义数据库模型，然后定义表格的结构与字段；serializers.py 文件存放序列化与反序列化对象的代码；migrations 目录下的文件记录和管理数据库模式的变更。

1. views.py 文件

定义 ColorList(generics.ListAPIView)和 ApiUser(viewsets.ViewSet)视图，处理颜色列表的获取并实现用户登录和注册请求的逻辑。相关代码见"代码文件 27-1"。

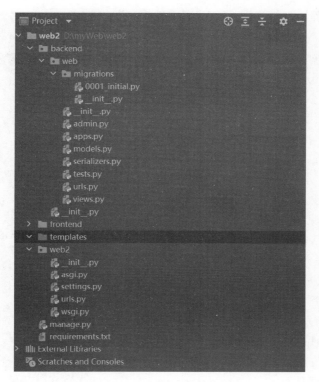

图 27-9　后端文件结构

2. models.py 文件

定义 Color 和 User 两个数据库模型,用于在数据库中存储颜色信息和用户信息。相关代码见"代码文件 27-2"。

3. serializers.py 文件

使用 Django REST framework 的 ModelSerializer,将 Color 模型实例转换为 Python 数据类型,方便序列化为 JSON 格式进行网络传输。相关代码见"代码文件 27-3"。

27.3.2　前端

前端文件结构如图 27-10 所示。

1. App.vue 组件

App.vue 组件是应用程序的入口点,主要实现头部导航栏和路由视图的容器,可通过 Vue Router 的< router-link >组件切换至对应的路由视图,实现界面的切换与展示。相关代码见"代码文件 27-4"。

2. home_page.vue 组件

home_page.vue 组件主要完成首页布局和设计,它包含一个头版部分,展示传统色彩的图片和相关主题,包含四个学习模块,每个模块都有标题、图片和简短的描述,用户可以单击进入学习按钮查看界面。相关代码见"代码文件 27-5"。

3. color_page.vue 组件

color_page.vue 组件作为父组件引入 color_page2 和 page22 子组件，分别绑定 defineA 和 defineB 方法，传递 data 和 color 数据。color_page2 和 page22 子组件并排展示。相关代码见"代码文件 27-6"。

4. collocation_page.vue 组件

collocation_page.vue 组件作为父组件引入 col_col 和 col_api 子组件，分别绑定 defineA 和 defineB 方法，传递 data 和 color 数据。col_col 和 col_api 子组件并排展示。相关代码见"代码文件 27-7"。

5. user_page.vue 组件

user_page.vue 组件实现登录界面，当用户输入信息单击"登录"按钮时，会触发 login 方法，该方法使用 Axios 库向后端服务器发送一个 POST 请求，将用户输入的用户名和密码发送到服务器进行验证，验证成功则跳转到首页，同时提供注册界面的跳转。相关代码见"代码文件 27-8"。

6. color.vue 组件

color1.vue 和 color2.vue 组件实现颜色的展示与交互。首先从后端 API 获取颜色数据，并在界面上通过列表展示：每个颜色由一个色块（其背景色根据颜色的 RGB 值动态设置）和一个颜色信息区域（显示颜色的名称和 RGB 值）组成。

当用户单击颜色信息区域时，会触发一个名为 btn 的方法，此方法将构造一个关于颜色的问题，并通过 defineA、defineB 自定义事件将问题和颜色名称传递到父组件。相关代码见"代码文件 27-9"和"代码文件 27-10"。

图 27-10　前端文件结构

7. api1.vue 组件

api1.vue 组件实现 WebSocket 的实时通信界面，用户发送消息，调用大模型 API 进行回答，回答的内容被添加到文本区域以供用户查看（包含处理 WebSocket 的连接、打开、关闭，以及清空聊天结果等功能）。相关代码见"代码文件 27-11"。

8. api2.vue 组件

api2.vue 与 api1.vue 组件的功能相似，相关代码见"代码文件 27-12"。

9. register.vue 组件

register.vue 组件实现一个注册界面功能，当用户输入用户名和密码后，单击"注册"按钮会触发 Register 方法。在 Register 方法中,使用 Axios 库发送 POST 请求到指定的 URL,请求体中包含输入的用户名和密码,注册成功后跳转到/user 路由。相关代码见"代码文件 27-13"。

10．main.js 文件

实现 Vue.js 应用程序的初始化、配置和挂载的相关代码见"代码文件 27-14"。

11．router.js 文件

使用 Vue Router 实现 Vue.js 前端路由配置的相关代码见"代码文件 27-15"。

27.4　功能测试

本部分包括启动项目及各界面运行详情。

27.4.1　启动项目

(1) 在 PyCharm 中打开项目后端文件夹,如图 27-11 所示。

图 27-11　运行后端

(2) 在 Navicat 中打开后端连接的数据库,如图 27-12 所示。

(3) 在 WebStorm 中打开项目前端文件夹,如图 27-13 所示。

(4) 单击 WebStorm,显示网址 URL,进入网页,终端启动结果如图 27-14 所示。

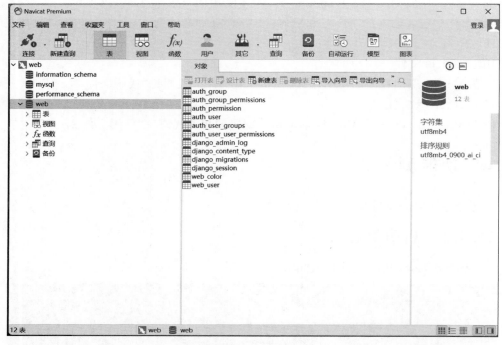

图 27-12　后端连接的数据库

图 27-13　运行前端

图 27-14　终端启动结果

27.4.2　登录界面

输入用户名与密码后,若认证成功,网站弹窗提示登录成功,单击"确定"按钮后跳转到网站首页,如图 27-15 所示。

图 27-15　用户登录

登录成功界面如图 27-16 所示。

跳转到彩韵华章首页,如图 27-17 所示。

27.4.3　首页

首页由顶部导航栏、轮播图、学习模块组成。顶部导航栏可通过单击对应部分跳转到指定界面,如图 27-18 所示。

图 27-16　登录成功

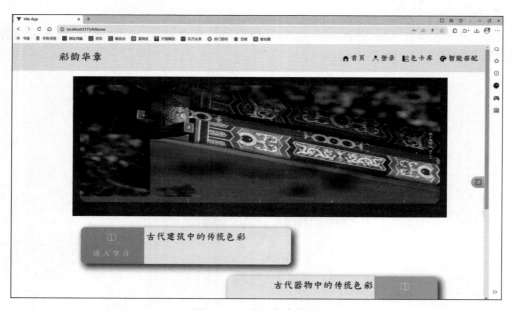

图 27-17　彩韵华章首页

图 27-18　顶部导航栏

轮播图滚动播放与传统色彩有关的图片,鼠标悬停于指定序号对应的图片,同时会出现相应的文字描述,如图 27-19 和图 27-20 所示。

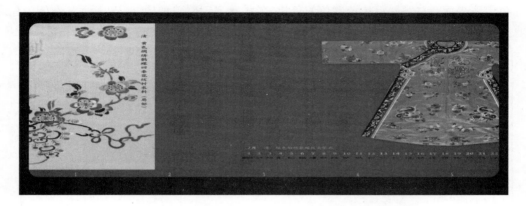

图 27-19　轮播图(1)

图 27-20　轮播图(2)

学习模块如图 27-21 所示。

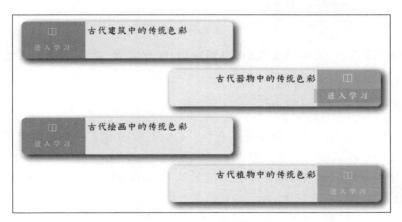

图 27-21　学习模块

27.4.4　色卡库界面

色卡库界面：左侧展示传统颜色的色块、名称及 RGB 值，如图 27-22 所示；右侧为色彩信息查询，单击想要查询的颜色名称后，右侧展示所选择的颜色名称，如图 27-23 所示。

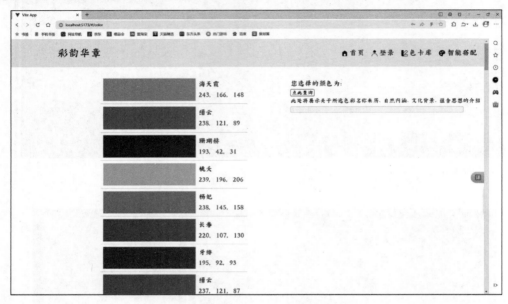

图 27-22　色卡库界面

图 27-23　选择颜色发送请求

单击"查询"按钮后，展示名称来历、自然内涵、文化背景、蕴含思想等信息，如图 27-24 所示。

27.4.5　智能搭配界面

智能搭配界面：左侧展示传统颜色的色块、名称及 RGB 值；右侧根据用户需求生成配色方案，如图 27-25 所示。

使用时，用户输入应用场景和希望加入的元素，选择风格偏好，再从左侧选择一种颜色，即可显示配色方案，如图 27-26 所示。

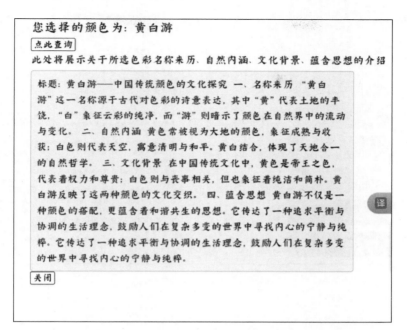

图 27-24　生成回答

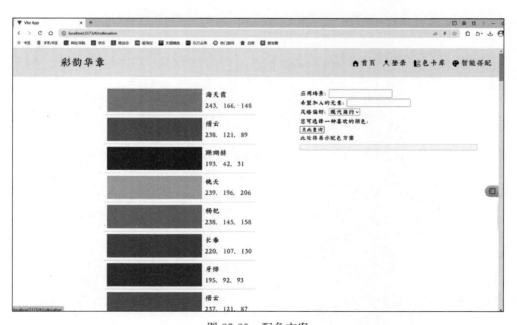

图 27-25　配色方案

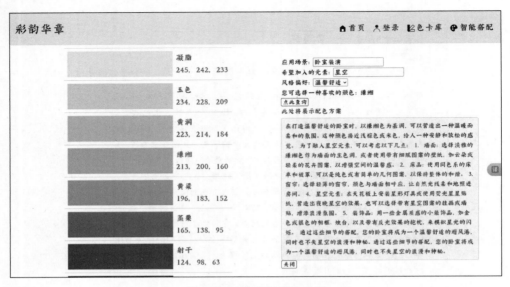

图 27-26　发送问题及响应

文 秘 服 务

本项目基于微信小程序,根据讯飞星火认知大模型 v3.5,调用开放的 API,实现文秘服务。

28.1　总体设计

本部分包括整体框架和系统流程。

28.1.1　整体框架

整体框架如图 28-1 所示。

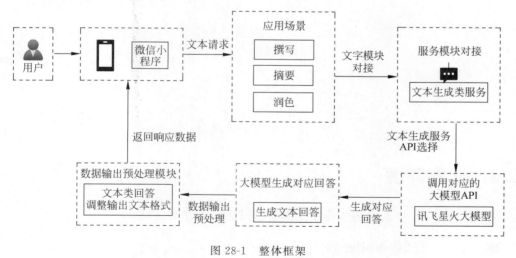

图 28-1　整体框架

28.1.2　系统流程

系统流程如图 28-2 所示。

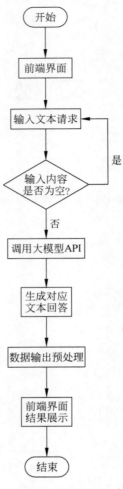

图 28-2　系统流程

28.2　开发环境

本节介绍 Node.js 的安装过程和大模型 API 的申请步骤。

28.2.1　安装 Node.js

安装 Node.js 参见 1.2.1 节。

28.2.2　大模型 API 申请

大模型 API 申请参见 1.2.6 节。

28.3 系统实现

本项目使用微信小程序搭建项目,文件结构如图 28-3 所示。

图 28-3 文件结构

28.3.1 polish.wxml

polish.wxml 实现界面布局,包括输入框、提交任务按钮和显示结果区域。输入框和提交按钮位于一个视图容器中,通过绑定事件处理用户输入并提交给后台处理。结果显示区域包含一个文本框,用于展示后台返回的处理结果,所有元素均通过样式设置实现相对定位和布局。相关代码见"代码文件 28-1"。

28.3.2 polish.wxss

polish.wxss 实现界面的样式设置,使用弹性布局将界面元素垂直和水平居中,包括尺寸、边距、边框、背景颜色和阴影效果等。相关代码见"代码文件 28-2"。

28.3.3 polish.js

polish.js 通过 Webpack 配置、处理 WebSocket 的连接与数据传输。将用户输入的内容发送到服务器并获取响应结果,更新到前端界面的显示区域,包含模块引入、界面创建、组件标准化、数据模型定义、事件处理及 WebSocket 鉴权和通信等功能。相关代码见"代码文件 28-3"。

28.3.4 main.js 脚本

通过使用全局变量 global["webpackJsonp"] 存储和初始化 webpackJsonp 数组,并向其中推送一个包含模块定义的数组,将 main.js 与所用模块加载到微信小程序中,配置应用的路径、请求处理逻辑。相关代码见"代码文件 28-4"。

28.4 功能测试

本部分包括启动项目、发送问题及响应。

28.4.1 启动项目

(1)打开微信小程序。
(2)导入已有项目:writerAI,如图 28-4 所示。
(3)打开程序,如图 28-5 所示。

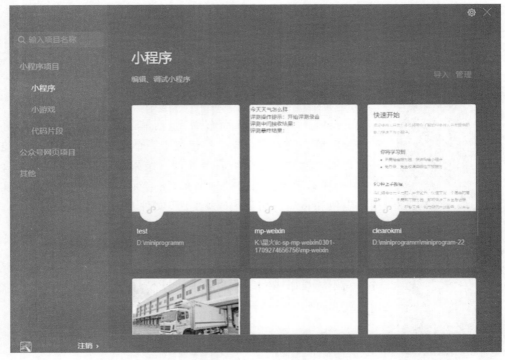

图 28-4　导入 writerAI

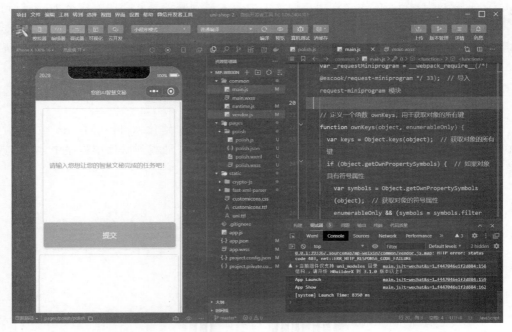

图 28-5　程序界面

28.4.2　发送问题及响应

润色功能如图 28-6 所示。摘要功能如图 28-7 所示。

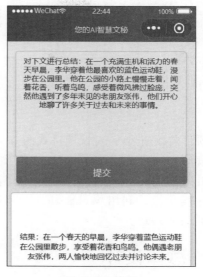

图 28-6　润色　　　　　　　　　　　　图 28-7　摘要

撰写功能如图 28-8 所示。空白输入处理如图 28-9 所示。

图 28-8　撰写　　　　　　　　　　　　图 28-9　空白输入处理

项目 29

音 乐 推 送

本项目前端通过 Vue.js 渐进式的 JavaScript 框架,基于 HTML 结构内容,运用 CSS 进行样式设计。后端通过 Controller 调用 Model 中的业务逻辑,达到解耦合、提高开发效率的效果。引用 Mybatis 对象关系映射框架,达到 SQL 语言与业务代码解耦合的作用,Druid 作为数据库连接池。利用 WebSocket 与讯飞星火认知大模型 v3.5 进行交互,调用开放的 API,实现音乐推送。

29.1 总体设计

本部分包括整体框架和系统流程。

29.1.1 整体框架

整体框架如图 29-1 所示。

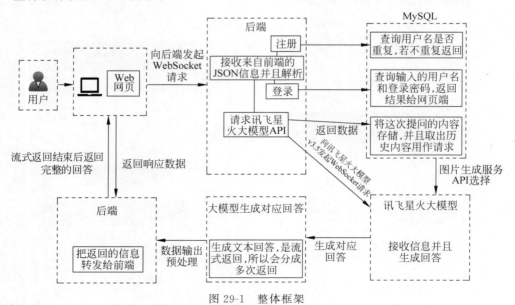

图 29-1 整体框架

29.1.2　系统流程

系统流程如图 29-2 所示。

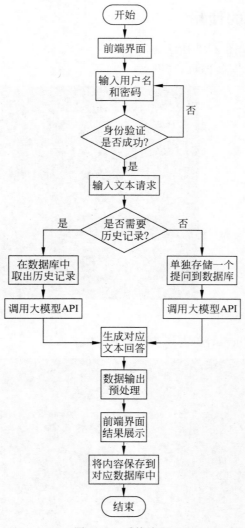

图 29-2　系统流程

29.2　开发环境

本节介绍 Node.js、IDEA 和 MySQL 的安装过程,给出环境配置、创建项目及大模型
API 的申请步骤。

29.2.1　安装 Node.js

安装 Node.js 参见 1.2.1 节。

29.2.2　IDEA 的使用

2023.2.5 社区版本如图 29-3 所示。

找到安装包之后直接安装即可，如图 29-4 所示。

图 29-3　2023.2.5 社区版本　　　　　　　　　　　　图 29-4　安装界面

在导入项目时选择 Maven，单击 按钮，如图 29-5 所示。

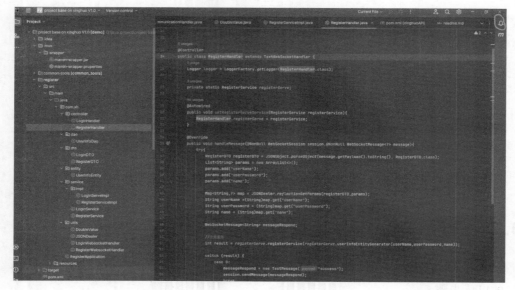

图 29-5　展示界面

如果提醒没有 Maven，单击"一键配置依赖"。然后在 JDK 中选择 openjdk-21，如图 29-6 所示。

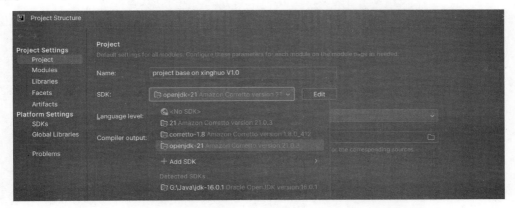

图 29-6   选择 JDK

29.2.3   安装 MySQL

MySQL 数据库版本是 8.0.37，如图 29-7 所示。

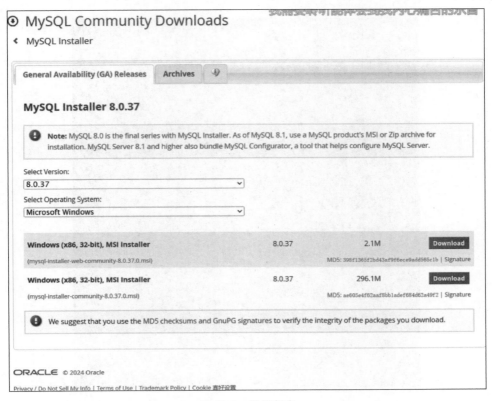

图 29-7   选择版本

MySQL 安装界面如图 29-8 所示。

图 29-8　MySQL 安装界面

29.2.4　创建项目

创建项目步骤如下。

新建项目文件夹，进入文件夹后打开命令提示符 cmd，使用 npm install -g @vue/cli 下载插件。安装完成后，使用 vue create 创建项目，如图 29-9 所示。

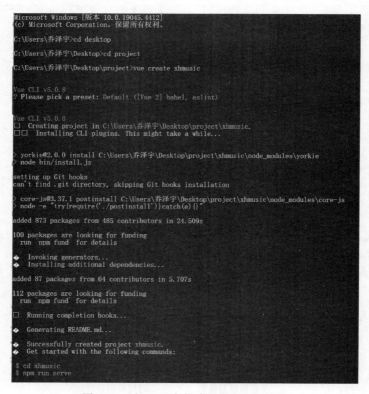

图 29-9　在 cmd 中创建新的 Vue3 项目

新建项目文件夹如图 29-10 所示。

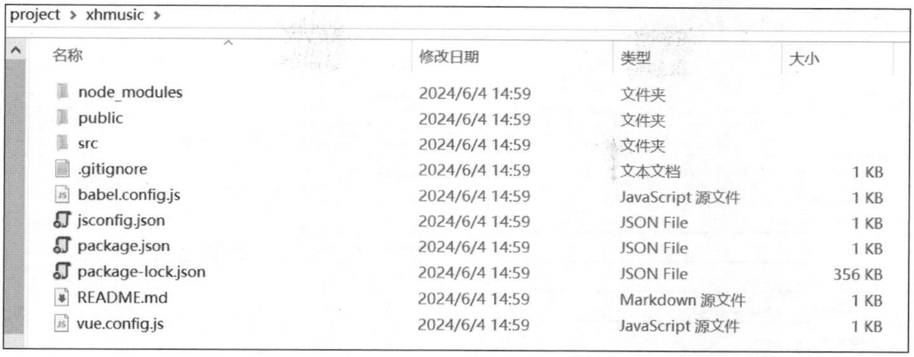

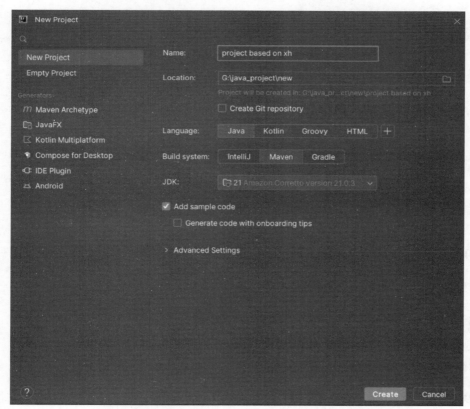

图 29-10　新建项目文件夹

打开 IDEA，创建新项目，选择 Maven 项目，如图 29-11 所示。

图 29-11　创建新项目

在 Spring 官网上生成一个 demo，然后增加需要的依赖，如图 29-12 和图 29-13 所示。

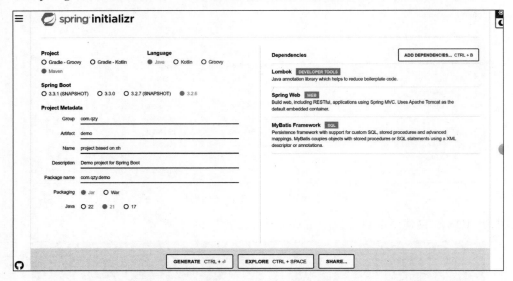

图 29-12　Spring initializr 界面

图 29-13　生成 Spring demo 文件夹

29.2.5　大模型 API 申请

大模型 API 申请参见 1.2.6 节。

29.3　系统实现

前端使用 Vue 渐进式 JavaScript 框架，文件结构如图 29-14 所示。

29.3.1　xhContent 组件

创建一个元素数组进行对话内容的存储，通过 Vue 中自带的 V-for 进行数组的遍历。相关代码见"代码文件 29-1"。

图 29-14　文件结构

29.3.2　xhDimmer 组件

定义在弹出时可以虚化的界面,相关代码见"代码文件 29-2"。

29.3.3　xhInput 模块

输入框绑定方法的相关代码见"代码文件 29-3"。

29.3.4　登录和注册界面

xhOnload 和 xhRegister 组件实现登录和注册的功能。首先使用 XhDimmer 组件实现背景变暗的效果。这两个组件并非使用户跳转到一个新的界面,而是设置一个布尔参数 isVisible,然后使用 V-if 判断组件是否可见,使用 WebSocket 与服务器进行交互,在 JavaScript 自带的 WebSocket 库中有封装好的回调函数,分别建立连接、关闭连接。相关代码见"代码文件 29-4"。

29.3.5　xhTitle 组件

顶部标题的相关代码见"代码文件 29-5"。

29.3.6　App. vue 主组件

将所有组件组装成最终界面的相关代码见"代码文件 29-6"。

29.3.7　main. js 文件

main. js 是 Vue 的入口文件,在这个文件中,可以注册全局组件,让它挂载在界面上,使其可以正常运行。相关代码见"代码文件 29-7"。

29.3.8　commonTools 模块

将常用功能进行封装,增加可复用性。具体包括 Mybatis 的配置和大模型鉴权 URL 生成文件结构,如图 29-15 所示。

BaseDao 是对数据库连接对象的封装接口,让后面需要使用的数据库访问对象继承。BaseEntity 则是 DAO 对象或者数据传输对象的实例化。BaseService 是基础服务类的封装接口,操作 DAO 对象与数据库进行交互,BaseServiceImpl 则是对服务的具体实现。

在 utils 文件夹中生成大模型需要鉴权 URL 的操作。相关代码见"代码文件 29-8"。

29.3.9　register 模块

登录注册功能和数据库交互文件结构如图 29-16 所示。

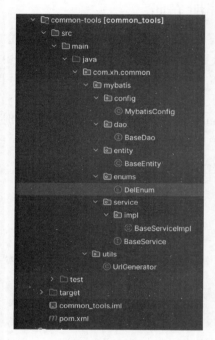

图 29-15　大模型鉴权 URL 生成文件结构

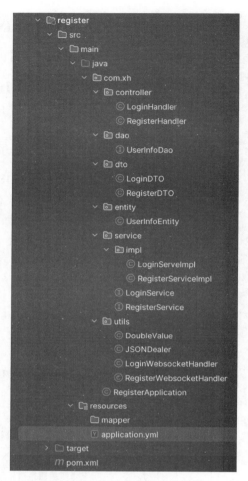

图 29-16　数据库交互文件结构

Service 文件夹中有服务类和实现类。Controller 是用户界面调用服务类中业务逻辑的文件,将服务实现类注册到 Spring 的 Bean 中,并在 Controller 文件中引用,实现业务逻辑的控制。utils 文件夹是一些配置文件和在使用中需要实现的处理工具。单独的 RegisterApplication 文件是 SpringBoot 的启动类。相关代码见"代码文件 29-9"。

29.3.10　xinghuoAPI 模块

实现请求 xinghuoAPI 并且回答,返回前端的功能。相关代码见"代码文件 29-10"。

29.4　功能测试

本部分包括启动项目、发送问题及响应。

29.4.1 启动后端项目

（1）使用 IDEA 打开项目，找到 SpringBoot 启动类的位置，名为 ******* Application。

（2）使用管理员权限打开 cmd，输入 net start mysql。

（3）回到 IDEA，单击"启动"按钮，运行服务，等待其自动配置后启动即可。

（4）启动详情如图 29-17～图 29-19 所示。

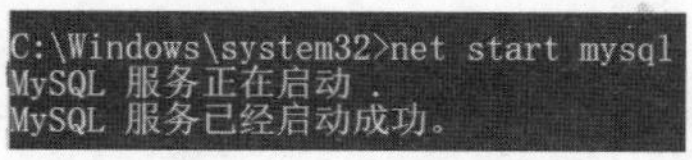

图 29-17 终端启动结果

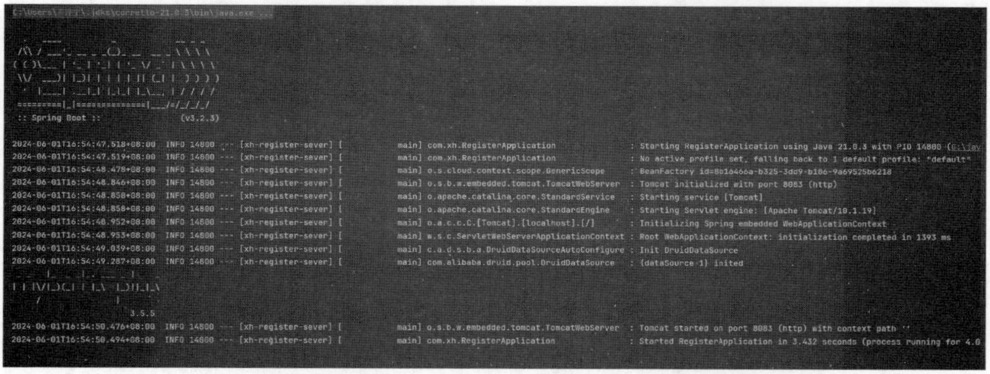

图 29-18 内置终端显示结果（1）

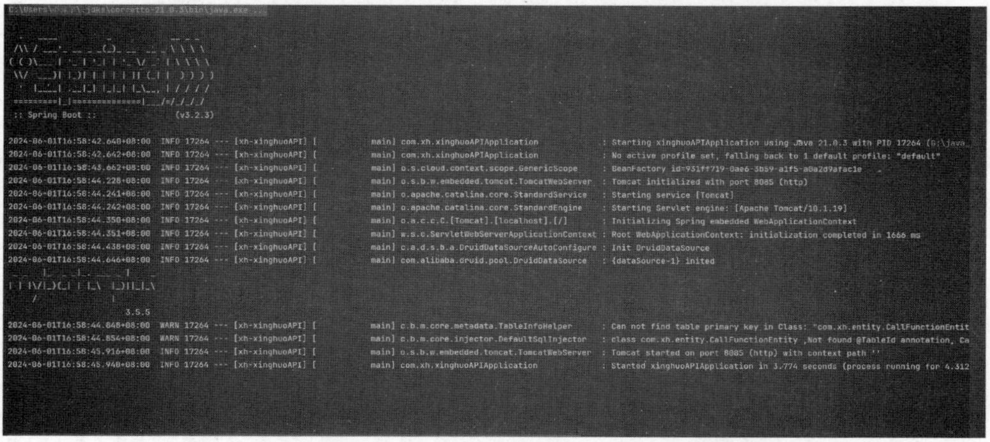

图 29-19 内置终端显示结果（2）

29.4.2 启动前端项目

（1）进入项目文件夹：使用 cd 命令进入文件夹所在的位置。

（2）运行项目程序：npm run serve。

（3）单击终端中显示的网址 URL，进入网页。

（4）终端启动结果和聊天窗口如图 29-20 和图 29-21 所示。

图 29-20　终端启动结果

图 29-21　聊天窗口

29.4.3　发送问题及响应

在首页进行注册，如图 29-22 所示；登录界面如图 29-23 所示；向大模型提问：请给我推送一首气氛激昂的英文歌，如图 29-24 所示。

图 29-22　注册界面

图 29-23　登录界面

图 29-24　发送问题及响应

项目 30

抖音爆款

本项目基于 HTML 结构内容,使用 CSS 进行样式设计,引用 JavaScript 建立数据逻辑与交互,根据讯飞星火认知大模型 v1.5 和 v3.5,调用 API 中的流畅听写和图片理解,实现语音识别并转换为文字,以及对图片关键字的提取。

30.1　总体设计

本部分包括整体框架和系统流程。

30.1.1　整体框架

整体框架如图 30-1 所示。

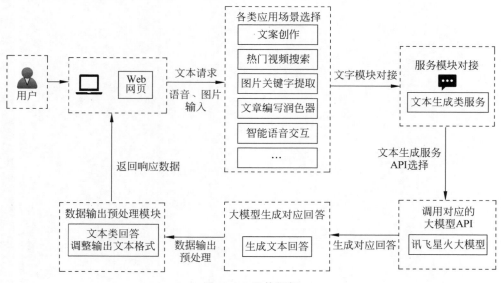

图 30-1　整体框架

30.1.2　系统流程

系统流程如图 30-2 所示。

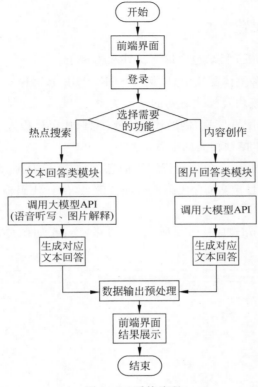

图 30-2　系统流程

30.2　开发环境

本节介绍 Python、PyCharm 和 VS Code 的安装过程,给出环境配置、创建项目及大模型 API 的申请步骤。

30.2.1　安装 Python

安装 Python 3.9.13 版本参见 2.2.1 节。

30.2.2　安装 PyCharm

安装 PyCharm 参见 2.2.2 节。

30.2.3 安装 VS Code

安装 VS Code 参见 1.2.2 节。

30.2.4 环境配置

在 Python 项目中，.idea 目录包含以下文件和子目录。

workspace.xml：包含整体配置信息，例如 SDK、Python 解释器、代码风格等。

modules.xml：定义模块及模块之间的依赖关系。

misc.xml：包含其他配置信息，例如代码审查工具、代码模板等。

vcs.xml：包含与版本控制相关的配置信息。

runConfigurations 子目录：包含运行配置信息，例如运行 Python 脚本、调试程序等。

inspectionProfiles 子目录：包含代码审查配置信息，例如代码检查器的设置、代码风格检查等。

生成的 workspace.xml 如图 30-3 所示，modules.xml 如图 30-4 所示，misc.xml 如图 30-5 所示。

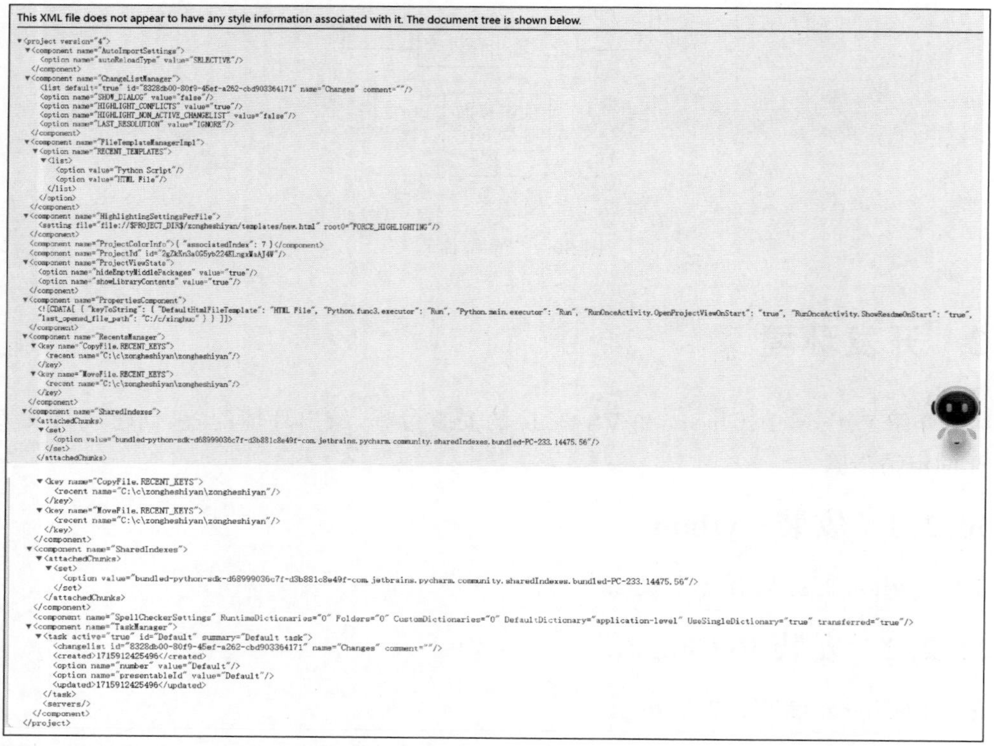

图 30-3 workspace.xml 代码展示

This XML file does not appear to have any style information associated with it. The document tree is shown below.

```xml
▼<project version="4">
 ▼<component name="ProjectModuleManager">
  ▼<modules>
     <module fileurl="file://$PROJECT_DIR$/.idea/zongheshiyan.iml" filepath="$PROJECT_DIR$/.idea/zongheshiyan.iml"/>
   </modules>
  </component>
</project>
```

图 30-4　modules. xml 代码展示

This XML file does not appear to have any style information associated with it. The document tree is shown below.

```xml
▼<project version="4">
 ▼<component name="Black">
    <option name="sdkName" value="Python 3.12 (douabn)"/>
  </component>
  <component name="ProjectRootManager" version="2" project-jdk-name="Python 3.9" project-jdk-type="Python SDK"/>
 ▼<component name="PyCharmProfessionalAdvertiser">
    <option name="shown" value="true"/>
  </component>
</project>
```

图 30-5　misc. xml 代码展示

Python. exe 存储在 C:\Users\86137\AppData\Roaming\Microsoft\Windows\Start\Menu\Programs\Python 3.9 目录下。如在其他不含 java. exe 的任意目录下执行 java 命令,需要将 java. exe 的路径添加到 path 变量中,步骤参见图 2-30～图 2-33。

查看 Python 环境配置时,可以使用 pip freeze 命令查看版本及依赖资源库。

使用 PyCharm 打开工程文件,然后打开 Terminal 终端,输入 pip freeze,可查看项目所安装的所有第三方库,如图 30-6 所示。

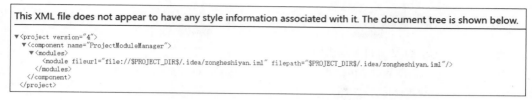

```
PS C:\c\zongheshiyan> pip freeze      MarkupSafe==2.1.5
attrs==23.2.0                         numpy==1.26.4
beautifulsoup4==4.12.3                outcome==1.3.0.post0
blinker==1.8.2                        pandas==2.2.2
certifi==2024.2.2                     PyAudio==0.2.14
cffi==1.16.0                          pycparser==2.21
charset-normalizer==3.3.2             pygame==2.1.0
click==8.1.7                          PySocks==1.7.1
colorama==0.4.6                       python-dateutil==2.9.0.post0
exceptiongroup==1.2.0                 pytz==2024.1
Flask==3.0.3                          requests==2.31.0
h11==0.14.0                           selenium==4.18.1
idna==3.6                             six==1.16.0
importlib_metadata==7.1.0             sniffio==1.3.1
itsdangerous==2.2.0                   sortedcontainers==2.4.0
Jinja2==3.1.4                         soupsieve==2.5
lxml==5.2.1                           trio==0.24.0
MarkupSafe==2.1.5                     trio-websocket==0.11.1
numpy==1.26.4                         typing_extensions==4.10.0
outcome==1.3.0.post0                  tzdata==2024.1
pandas==2.2.2                         urllib3==2.2.1
PyAudio==0.2.14                       websocket-client==1.8.0
pycparser==2.21                       Werkzeug==3.0.3
                                      wsproto==1.2.0
                                      zipp==3.18.1
```

图 30-6　Python 环境资源配置

30.2.5　创建项目

使用 PyCharm 创建项目步骤如下。

打开 PyCharm，在 Welcome 屏幕上，单击 Create New Project，如果已经打开一个项目，选择 File｜New Project，如图 30-7 所示。

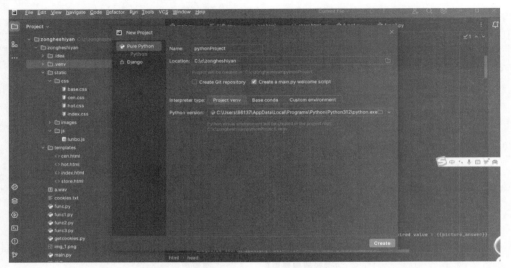

图 30-7　PyCharm 打开新项目步骤展示

输入项目名称：zongheshiyan。

基本配置如下。

（1）选择存储路径。

（2）选择依赖的 Python 库，创建虚拟环境。

（3）关联本地的 Python 解释器。创建结果如图 30-8 所示。

图 30-8　创建结果

30.2.6　大模型 API 申请

大模型 API 申请参见 1.2.6 节。

30.3　系统实现

本项目使用 Python 搭建 Web 项目,文件结构如图 30-9 所示;前后端功能图如图 30-10 所示。

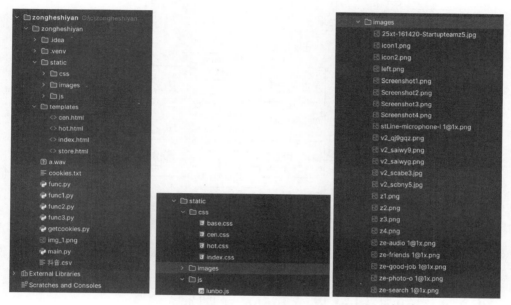

图 30-9　文件结构

30.3.1　index.html 界面头部< head >

在 index.html 文档的头部中,定义语言为英文,编码方式为 UTF-8。相关代码见"代码文件 30-1"。

30.3.2　index.html 界面样式< style >

引入 CSS 文件中的 base.css 和 index.css,base.css 为网页渲染中用到的基本样式。相关代码见"代码文件 30-2"。

30.3.3　index.html 网页主体< body >

通过单击不同的图标跳转成不同界面,以及在热点搜索界面通过单击图片实现关键字提取并返回关键字;通过单击录音图标实现录音和语音转文字并返回文字结果;通过单击

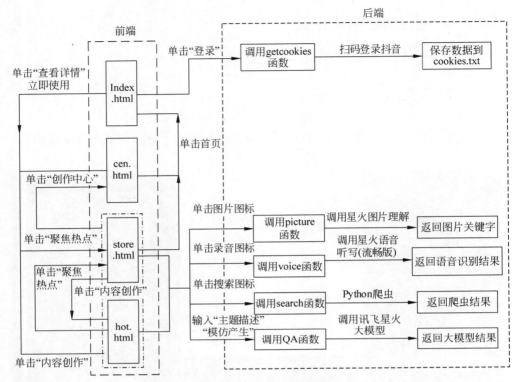

图30-10　前后端功能图

搜索图标实现对抖音中的相关内容进行爬虫；在内容创作界面按要求输入文本内容后返回大模型的回答。相关代码见"代码文件30-3"。

30.3.4　index.html 界面 lunbo.js 脚本

设置变量并按需求在界面中呈现图片轮播的效果以及鼠标单击事件。相关代码见"代码文件30-4"。

30.3.5　cen.html 界面头部< head >

cen.html 界面头部功能参见30.3.1节。相关代码见"代码文件30-5"。

30.3.6　cen.html 界面样式< style >

cen.html 界面样式功能参见30.3.2节。相关代码见"代码文件30-6"。

30.3.7　cen.html 网页主体< body >

cen.html 网页主体功能参见30.3.3节。相关代码见"代码文件30-7"。

30.3.8　cen.html 界面.js 脚本

cen.html 界面中的.js 脚本在 HTML 代码的内部引入,当单击代表热点搜索功能的输入框时,界面跳转到热点搜索的主界面;当单击代表内容创作功能的文本框时,界面跳转到内容创作的主界面。相关代码见"代码文件 30-8"。

30.3.9　hot.html 界面头部< head >

hot.html 界面头部功能参见 30.3.1 节。相关代码见"代码文件 30-9"。

30.3.10　hot.html 界面样式< style >

hot.html 界面样式功能参见 30.3.2 节。相关代码见"代码文件 30-10"。

30.3.11　hot.html 网页主体< body >

hot.html 网页主体功能参见 30.3.3 节。相关代码见"代码文件 30-11"。

30.3.12　hot.html 界面.js 脚本

通过设置事件监听器,监听键盘输入、搜索图标、图片图标、录音图标。相关代码见"代码文件 30-12"。

30.3.13　store.html 界面头部< head >

store.html 界面头部功能参见 30.3.1 节。相关代码见"代码文件 30-13"。

30.3.14　store.html 界面样式< style >

store.html 界面样式功能参见 30.3.2 节。相关代码见"代码文件 30-14"。

30.3.15　store.html 网页主体< body >

store.html 网页主体功能参见 30.3.3 节。相关代码见"代码文件 30-15"。

30.3.16　store.html 界面.js 脚本

store.html 界面.js 脚本功能参见 30.3.12 节。相关代码见"代码文件 30-16"。

30.3.17　后端函数

采用 Python 作为后端编程语言,Flask 框架实现前后端的交互。实现功能的代码封装为函数,前端使用 Flask 框架和 jinjia2,实现对函数的调用和对应数据的返回处理。下面是对各个封装函数的具体介绍。

func.py 中封装与讯飞星火大模型进行对话并返回结果的函数,命名为 QA。此函数需要传入 input1 和 input2 参数,前者是模仿创作模块中需要进行模仿或改写的文本,后者是对于所生产文本的具体要求,例如,创作者角色、受众、内容等。相关代码见"代码文件 30-17"。

30.3.18　前后端交互

本项目使用 Flask 框架和 jinjia2 模板实现 Python 编程语言和 HTML 文档的交互。前端通过路由调用函数,后端通过函数的全局变量和 jinjia2 模板返回结果到前端。相关代码见"代码文件 30-18"。

30.4　功能测试

本部分包括启动项目、发送问题及响应。

30.4.1　启动项目

(1) 进入项目文件夹 C:\c\zongheshiyan\zongheshiyan。

(2) 在 PyCharm 中打开相应文件:main.py。

(3) 单击终端中显示的网址 URL,进入网页。

(4) 终端启动结果如图 30-11 所示,首页界面如图 30-12 所示。

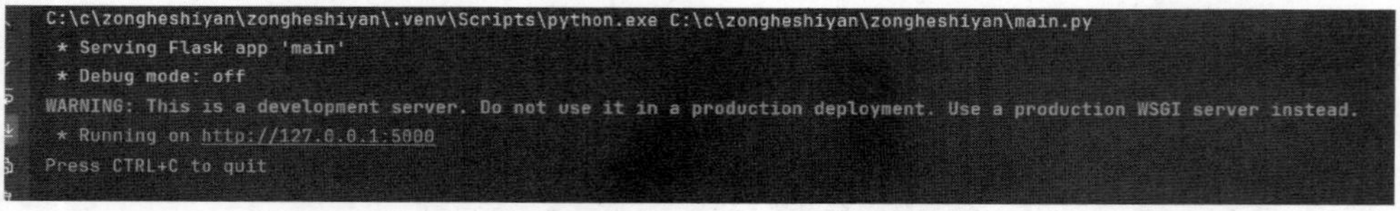

图 30-11　终端启动结果

图 30-12　首页界面

30.4.2 首页网页功能选择以及跳转

单击"登录"按钮,可以跳转到抖音登录界面,通过扫码、填写手机验证码授权登录抖音,如图 30-13 所示。

图 30-13 验证码登录界面

单击"立即使用"按钮如图 30-14 所示。

图 30-14 立即使用

界面跳转展示如图 30-15 所示

图 30-15　界面跳转展示

通过按键调整展示图片,当鼠标移动时,图片会有动画效果,如图 30-16 所示。

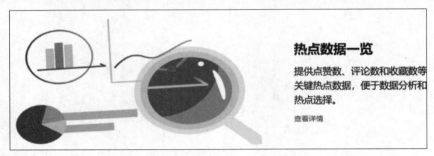

图 30-16　动画效果

30.4.3　创作中心界面功能

聚焦热点首页如图 30-17 所示;单击聚焦热点处的文本框可以跳转到热点搜索界面,如图 30-18 所示。

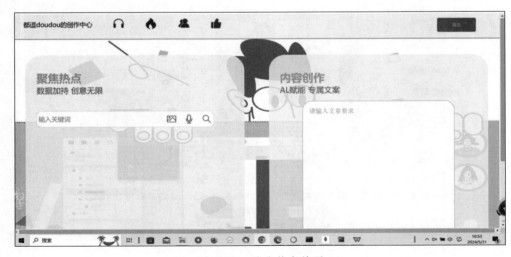

图 30-17　聚焦热点首页

图 30-18　热点搜索界面展示

30.4.4　图片关键字提取功能测试

上传需要进行关键字识别的图片,得到关键字,如图 30-19 所示;图片参数如图 30-20 所示。

图 30-19　图片识别　　　　　　　图 30-20　图片参数

选择需要上传的图片,后端进行关键字提取后显示在文本框,如图 30-21 和图 30-22 所示。

30.4.5　语音输入功能测试

单击麦克风图标,界面会对录音开始进行提示,如图 30-23 所示;在录音开始提示后可以说话,在录音结束后界面将再次提示录音结束,如图 30-24 所示;在界面显示语音转文字结果,如图 30-25 所示。

图 30-21 图片选择

图 30-22 图片关键字提取

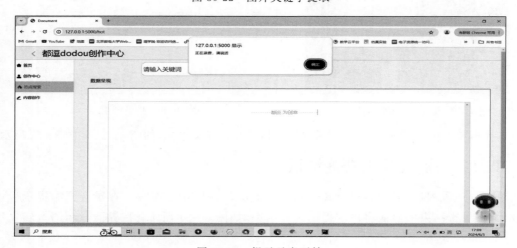

图 30-23 提示录音开始

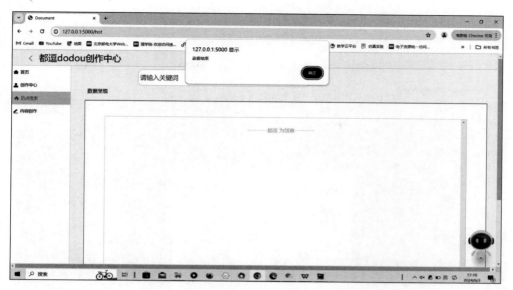

图 30-24 提示录音结束

图 30-25 语音转文字

30.4.6 热点搜索功能测试

在文本框中输入关键字,关键字由键盘输入、语音输入或图片关键字提取得到,然后单击 🔍 图标或按下 Enter 键,实现搜索功能,如图 30-26 所示。

图 30-26 关键字输入

在第一次调用抖音爬虫时需要验证，如图 30-27 所示。

图 30-27　爬虫验证

30.4.7　内容创作功能测试

在内容创作界面，描述需要生成文案的具体要求，例如扮演的角色、文案涉及的主要对象等，如图 30-28 所示；输入内容后按下 Enter 键生成文案，如图 30-29 所示。该模块是基于大模型的文案生成，所以提供给大模型的整体信息越多，将形成越具体、越可靠、越符合要求的文案。

图 30-28　主题描述

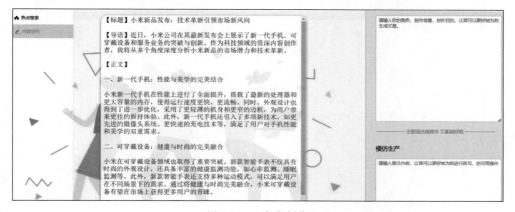

图 30-29　内容输入

内容创作如图 30-30 所示。

图 30-30　内容创作